Die wirtschaftliche Arbeitsweise in den Werkstätten der Maschinenfabriken

ihre Kontrolle und Einführung mit besonderer
Berücksichtigung des Taylor-Verfahrens

Von

Adolf Lauffer

Betriebsingenieur in Königsberg i. Pr.

Springer-Verlag Berlin Heidelberg GmbH

1919

ISBN 978-3-642-90025-9   ISBN 978-3-642-91882-7 (eBook)
DOI 10.1007/978-3-642-91882-7

Vorwort.

Nach Beendigung dieses Krieges wird die deutsche Maschinenindustrie vor eine Aufgabe gestellt sein, die an Schwere nicht mehr übertroffen werden kann. Sie muß in kurzer Zeit nicht nur die verlorengegangene achtunggebietende Stellung auf dem Weltmarkt wiedergewinnen, sondern ihre Herrschaft noch weiter ausdehnen, das bedeutet: Billige Erzeugnisse nach dem Ausland, bei enormer Verteuerung der Herstellungskosten im Inlande.

Dieses Ziel verlangt mit unerbittlicher Strenge: Normalisierung, Spezialisierung und Neuorganisation.

Die beiden ersten Begriffe sind Fragen, die nur durch gemeinsame Arbeit der Gesamtheit gelöst werden können. Die auf diese Weise gefundenen Resultate kommen allen Werken zugute.

Die Neuorganisation, d. h. die Herbeiführung einer wirtschaftlichen Betriebsführung jedoch kann und muß jeder Werksleiter auf eigene Faust und auf grund eigener Erfahrungen unabhängig von den anderen Werken betreiben. und versuchen, die beste Lösung zu finden.

Nachstehende Ausführungen eines Praktikers sollen den Werksleitern diese Arbeit erleichtern und dadurch mithelfen, der deutschen Industrie die Stellung auf dem Weltmarkt zu verschaffen, die ihr gebührt.

Königsberg Pr., November 1918.

Der Verfasser.

Diese einander geradezu widersprechenden Tatsachen zeigen deutlich, daß die letzteren Werke unter gewissen Grundbedingungen arbeiten müssen, die sich aus irgendwelchen Ursachen ganz selbständig entwickelt haben und deren energische Betonung eben jene wirtschaftlichen Wirkungen zeitigt.

Bezeichnet man nun die Einrichtungen, die einen geregelten Geschäftsgang gewährleisten sollen, wie z. B. die Verteilung der eingehenden Post, das Bestell- und Mahnwesen, die Aufgabe der Arbeiten an die Werkstätten und deren weitere Verfolgung durch dieselben, die Zeitkontrolle der Arbeiten in bezug auf Arbeitsbeginn und -schluß, den Versand der Fertigfabrikate usw., ferner die Einrichtungen, die eine Kontrolle der verausgabten Geldbeträge für Gehälter, Löhne, Materialien usw. bezwecken, wie die Akkord-, Lohn- und Materialverrechnung, die Aufstellung und Verteilung der Unkosten usw., als Organisationseinrichtungen, so ergibt sich als erster Grundsatz:

Die Organisation eines Werkes umfaßt zwei Begriffe: Die Grundbedingungen und die Organisationseinrichtungen.

Während die Organisationseinrichtungen in der technisch-wirtschaftlichen Literatur bereits eine mehr als reichliche Würdigung gefunden haben, kann man das von den Grundbedingungen, trotzdem sie die eigentlichen Träger der Wirtschaftlichkeit sind, nicht behaupten. Sie sollen deshalb im nachstehenden eine eingehende Würdigung erfahren.

II. Die Grundbedingungen.

Die Grundbedingungen repräsentieren die Umstände, unter denen sich die Arbeiten in den Werkstätten abwickeln. Sie beeinflussen also direkt die Tätigkeit der einzelnen Personen und damit die Erledigung der verlangten Arbeiten in bezug auf Menge, Güte und Zeit. Die hier in Betracht kommenden in den Werkstätten tätigen Personen sind

    a) die Arbeiter,

    b) die Meister,

    c) die Werkstattschreiber und

    d) die Betriebsingenieure.

Unter Arbeiter seien hierbei gelernte und ungelernte Arbeiter verstanden. Der Fachmann wird auch ohne besondere Kennzeichnung herausfinden, welche Kategorie in den nachfolgenden Ausführungen jeweilig gemeint ist.

1. Die Arbeiter.

Die Herstellung der Maschinenteile, ihre Bearbeitung und ihr eventueller Zusammenbau zu vollständigen Maschinen, sowie die Erledigung aller daraus sich ergebenden Nebenarbeiten sind eine ausschließliche Funktion der Arbeiter.

Damit sie diese nun in wirtschaftlicher, d. h. in einer sowohl Arbeitgeber als auch Arbeitnehmer zufriedenstellenden Weise erledigen können, ist erforderlich

1. daß die Arbeiter ihr erlerntes oder angelerntes Handwerk vollständig beherrschen,
2. daß sie möglichst nur mit handwerksmäßigen Arbeiten beschäftigt werden,
3. daß sie mit den verlangten Arbeiten nach jeder Richtung hin genau vertraut sind und sie auf Grund dieser Kenntnis auch richtig erledigen,
4. daß ihnen die Lieferzeiten der einzelnen Arbeitsstücke und die täglich zu leistende Arbeitsmenge bekannt sind,
5. daß sie bei restloser Erfüllung dieser Bedingungen einen guten Verdienst erzielen.

Zu 1. Die erste Grundbedingung für ein gutes und billiges Erzeugnis ist und bleibt ein fester Stamm gut eingearbeiteter Facharbeiter, die ihr erlerntes oder angelerntes Handwerk aufs beste auszuüben verstehen. Diese Grundbedingung verlangt

a) die vorzüglichste Ausbildung der Lehrlinge nach einem ganz bestimmten, den jeweiligen Verhältnissen angepaßten theoretischen und praktischen Lehrplan und
b) die ständige Überwachung und Weiterbildung der Arbeiter als Facharbeiter.

Über Punkt a) ist bereits eine überaus reichliche und vorzügliche Literatur vorhanden, so daß an dieser Stelle nicht näher darauf eingegangen zu werden braucht.

Anders liegen die Verhältnisse bei Punkt b). Es ist eine bekannte Tatsache, daß der eben ausgelernte Geselle im besten Falle ein gut ausgebildeter Fachmann sein kann, niemals aber sein Handwerk vollständig beherrscht. Bis dahin ist noch ein weiter Weg. Da ihm auf diesem die fachgemäße Leitung des Meisters häufig fehlt, so bildet er sich eben mit der Zeit seine Arbeitsmethoden selbst aus. Berücksichtigt man ferner die überaus verschiedenen Charaktere und Veranlagungen der Arbeiter, so ist nicht mehr verwunderlich, daß man innerhalb einer Werkstatt für ein und dieselbe Arbeit eine ganze Anzahl voneinander abweichende Arbeitsmethoden vorfindet, von denen aber die wenigsten als wirtschaftlich angesehen werden können. Die ständig sich verändernde Behandlung der zur Verwendung kommenden Materialien, die immer größer und vielgestaltiger werdenden Werkzeugmaschinen, die immer mehr zunehmende Ablösung der Handarbeit durch Maschinenarbeit, die ständig zunehmende Genauigkeit in der Bearbeitung der

Maschinenteile zeitigen außerdem dauernd neue Arbeitsmethoden, deren Schaffung zum Nachteil der Wirtschaftlichkeit in den meisten Werken zum großen Teil der Arbeiterschaft überlassen bleibt.

Die wirtschaftliche Arbeitsweise kennt aber für eine Arbeit nur eine Arbeitsmethode, und zwar die, die es gestattet, die betreffende Arbeit mit dem geringsten Aufwand an Zeit und Kraft zu erledigen.

Der erste, der diese Grundbedingung eindeutig zum Ausdruck gebracht hat, war der Amerikaner Fred. W. Taylor.

Zur Erreichung dieses Zieles zerlegt Taylor (siehe Taylor-Wallichs: Die Betriebsleitung) jede Arbeit in ihre praktisch kleinsten Elemente, die er dann auf ihre einzig richtige Erledigung hin kritisiert. Die praktische Lösung dieser Idee verlangt ein genaues und ständiges Studium nicht nur der einzelnen Arbeitselemente, sondern auch der einzelnen für die Herstellung der Maschinenteile erforderlichen Handgriffe. Jede Arbeit muß genau in ihren einzelnen Elementen beobachtet und die einzelnen dafür benötigten Zeiten müssen ebenso genau in Minuten und Sekunden mittels Stoppuhr festgelegt werden. Dies geschieht so oft, bis sich eine brauchbare Durchschnittszeit für jedes einzelne Element ergeben hat. Die Zusammenstellung dieser Einzelzeiten, Zeitstudie genannt, wird weiterhin daraufhin kritisiert, ob es nicht möglich ist, die Zeiten durch Festlegung ganz bestimmter — und zwar der besten und zweckmäßigsten — Handgriffe und deren beste Reihenfolge, durch Schaffung der zweckmäßigsten Werkzeuge, durch Beseitigung aller sonstigen Hindernisse auf die denkbar geringste Zeitspanne zu reduzieren. Das Resultat dieser Beobachtungen und Untersuchungen wird dann aufs genaueste für jede einzelne Arbeit in sogenannten Arbeitsunterweisungen niedergelegt, die dann den Arbeitern vor Inangriffnahme der Arbeit ausgehändigt werden.

Wir nennen diese Art der Betriebsführung die wissenschaftliche Betriebsführung.

Es ist unbestritten, daß auf diese Weise die Leistung des einzelnen Arbeiters bis an die Höchstgrenze gesteigert werden kann und es ist Leichtsinn, diese Tatsache unbeachtet zu lassen oder das Taylor-System als »zu amerikanisch« abzulehnen. Aber ebenso leichtsinnig ist es für manchen Werksleiter, dieses System bedingungslos einführen zu wollen. Die in den einschlägigen Werken gerühmte überaus große Wirtschaftlichkeit des Taylor-Systems setzt Vorbedingungen voraus, deren Schaffung nicht in der Macht des einzelnen Werkleiters liegt. Man denke nur an die Vereinheitlichung der Werkzeuge und damit der einzelnen Maschinenelemente, die Bildung großer Verbände zwecks Schaffung von Einheitsformen ganzer Maschinen usw. Solange diese Voraussetzungen nicht Gemeingut der gesamten deutschen Industrie geworden sind, handelt es sich für die Werksleiter der ungemein zahlreichen Werke des allgemeinen Maschinenbaues darum, ihre Werke ebenfalls nach wissenschaftlichen Grundsätzen zu leiten und ein System zu schaffen, das zwar nicht das Taylor-System im wahrsten Sinne bedeutet, aber doch auf denselben Grundgedanken aufgebaut ist und dabei ·die deutschen Verhältnisse und die Eigenart des deutschen Arbeiters genügend berücksichtigt.

Erreicht wird dieses Ziel dadurch, daß man in jeder Werkstatt zuerst die Arbeitsverfahren zusammenstellt, die gewissermaßen einen Sammelbegriff darstellen. Jedes einzelne dieser Verfahren ist dann sowohl theoretisch am Zeichentisch, als auch praktisch in der Werkstatt so genau durchzuarbeiten, daß über dessen Zweck und beste Erledigung keine Zweifel mehr bestehen. Es empfiehlt sich dabei, den in dieser Hinsicht von Taylor und seinen Mitarbeitern gemachten Vorschlägen weitgehendste Beachtung zu schenken.

Damit die auf diese Weise gefundenen Arbeitsverfahren auch dauernd wirtschaftlich erledigt werden können, müssen die dabei verwendeten Werkzeuge eine ganz bestimmte Form haben und ebenso die herzustellenden Maschinenteile sich an vielen Stellen diesen Werkzeugformen anpassen. Das Ganze geht eben auf eine möglichst weitgehende Vereinheitlichung der Werkzeuge und Maschinenteile hinaus.

Man denke z. B. an das Verstemmen der Nähte und Niete an Dampfkesseln. Jeder Werksleiter oder Betriebsmann wird bei genauerem Hinsehen über die überaus vielen Ansichten erstaunt sein, welches Arbeitsverfahren und welche Form der Werkzeuge hierbei die richtigen sind.

Man kann ohne Übertreibung behaupten, daß jeder Stemmer seine eigene Arbeitsmethode und seine besonders geformten Werkzeuge besitzt. Weiterhin ist es eine bekannte Erscheinung, daß die Leistungen zweier Dreher an den gleichen Drehbänken und Arbeitsstücken, selbst bei gleicher handwerksmäßiger Tüchtigkeit, oft erheblich voneinander abweichen. Der Grund liegt vielfach nicht in einem größeren Fleiß des · einen, sondern dieser arbeitet systematischer, er teilt sich seine Arbeiten besser ein, macht weniger unzweckmäßige Bewegungen und beschränkt die notwendigen auf die geringste Zahl, mit einem Wort: Er arbeitet unbewußt wissenschaftlicher wie der andere.

Zum weiteren Verständnis sind nachstehend noch einige Arbeitsverfahren aufgeführt, deren Vereinheitlichung die Grundlage für eine wirtschaftliche Arbeitsweise bilden. So kommen z. B. in Frage:

in der Gießerei: Die Zubereitung des Formsandes, der Kernmasse, das Einstampfen der Formen, die Form der Stampfer, das Ausleeren der Kästen, die Ablage der Modelle, der zu putzenden und geputzten Gußstücke, das Ausschmieren der Gießpfannen, die Herstellung des Schmiermaterials usw.;

in der mechanischen Werkstatt: Das Aufspannen der Maschinenteile, das Anschleifen der Schneidstähle für die verschiedenen Materialien, Form derselben, das Schmieden und Härten der Schneidstähle, die Festlegung der besten Schnittgeschwindigkeiten usw.;

in der Kesselschmiede: Das Nieten und Stemmen von Hand oder mit Preßluft, die Formen der Stemmer, Döpper, Meißel, das Anreißen der Platten, das Gerüstbauen usw. usw.

Man braucht bei der schriftlichen und zeichnerischen Festlegung dieser Arbeitsmethoden nicht gleich an schwierige und kostspielige Zeit- und Bewegungsstudien zu denken, aber eine gründliche auf vielen Versuchen basierende Durcharbeit ist unerläßlich. Dabei darf nicht unterlassen werden, dazu die besten und zuverlässigsten Arbeiter der Werkstatt hinzuzuziehen und deren Ansichten unparteiisch zu würdigen. Ganz abgesehen davon, daß diese schöpferische Mitarbeit die Arbeitsfreude und das Zusammengehörigkeitsgefühl ungemein hebt, wird ein guter Erfolg nur durch innigste Verschmelzung von Theorie und Praxis gewährleistet. Weiter sind diese Unterweisungen in Mappen übersichtlich geordnet und leicht zugänglich in der Werkstatt aufzubewahren.

Wie weit man bei diesen Arbeiten gehen kann, hängt von der Eigenart des Werkes ab. Werke mit Reihen- oder gar Massenherstellung können bedeutend mehr Arbeitsverfahren in dieser Weise festlegen, als solche für allgemeinen Maschinenbau.

Nun gilt noch dafür zu sorgen, daß diese Arbeitsverfahren von den Arbeitern in der gewünschten Weise dauernd erledigt werden. Der erste Weg zu diesem Ziel ist, wie bereits erwähnt, eine entsprechende Lehrlingsausbildung. Der zweite die ständige Belehrung und Beobachtung der ausgelernten Arbeiter durch die Meister und Betriebsingenieure, die auf diese Weise unverdrossen jeder absichtlichen und unabsichtlichen Änderung entgegenarbeiten müssen. Eventuelle Verbesserungsvorschläge von den Arbeitern sind in sachlicher, gewissenhafter Weise zu prüfen und die brauchbaren einzuführen, wobei Belohnungen in Erwägung zu ziehen sind.

Glaubt man in dieser rein fachlichen Hinsicht sein möglichstes getan zu haben, dann handelt es sich noch darum, den Menschen im Arbeiter gebührend zu berücksichtigen. Hierzu gehören vor allen Dingen freundliche, gesunde und gut heizbare Werkstatträume, sowie saubere und bequeme Eßgelegenheiten. Nun kann nicht verlangt werden, daß jedes Werk aus diesem Grunde neu baut, im Gegenteil, die meisten Werke werden über alte Baulichkeiten verfügen. Trotzdem läßt sich auch hier bei gutem Willen viel machen. Die dieserhalb von den Arbeitern selbst eingebrachten Vorschläge dürfen nicht einfach abgelehnt, sondern müssen in reifliche Erwägung gezogen werden. Es handelt sich ja meist um

Kleinigkeiten, deren Erfüllung aber, schon weil ihre Anregung von den Arbeitern selbst stammt, viel mehr Eindruck macht als kostspielige Wohlfahrtseinrichtungen, denen immer noch großes Mißtrauen entgegengebracht wird.

Weiterhin ist darauf zu achten, daß die Arbeiter auf keinen Fall gleichmäßig behandelt werden. Man darf nie vergessen, daß es in jeder Werkstatt fleißige und faule, tüchtige und untüchtige, energische und willensschwache Personen gibt, von denen jede einzelne entsprechend ihren Eigenschaften besonders behandelt sein will. Erwiesene Tüchtigkeit muß restlos anerkannt werden, auch Fleiß, selbst wenn er nicht von großer Tüchtigkeit begleitet ist. Im letzteren Falle muß versucht werden, den Mann an eine Stelle zu bringen, wo sein Fleiß bessere Früchte trägt. Faulen Arbeitern ist mit ruhiger Energie entgegenzutreten. Die vielfach geduldete Angeberei demoralisiert und ist zu verbieten, desgleichen ist der Züchtung von Protektionskindern durch die Meister von seiten der Betriebsingenieure energisch entgegenzuarbeiten.

Bei den unvermeidlichen und heftigen Auseinandersetzungen zwischen Betriebsingenieur oder Meistern und den Arbeitern dürfen erstere nie den Boden der Sachlichkeit und Unparteilichkeit verlieren und dürfen nie Ausdrücke gebrauchen, die das Ehrgefühl der Arbeiter verletzen können. Bei besonders rabiaten Naturen stehen ihnen ja die Verhängung von Geldstrafen oder am letzten Ende die Entlassung zu. Aber auch diese darf nicht in demütigender Weise vor sich gehen. Von der Entlassung darf selbstverständlich nur im äußersten Notfalle Gebrauch gemacht werden und muß dazu, um jede Willkür oder Übereilung infolge Erregung zu vermeiden, die Genehmigung des Betriebsingenieurs eingeholt werden.

Zu 2. Wohl jedem Werksleiter ist es eine bekannte Erscheinung, daß die Arbeiter langsames Arbeiten und Terminüberschreitungen mit Vorliebe und oft nicht mit Unrecht auf Materialmangel zurückführen. Entweder fehlt das Rohmaterial, oder die bereits vorgearbeiteten Teile aus den anderen Werkstätten, oder die erforderlichen Werkzeuge, vielleicht sogar die Zeichnungen usw. Sei es nun, um den ewigen Vorwürfen dieserhalb aus dem Wege zu gehen, sei es auch aus Geschäftsinteresse, kurz man sieht sehr häufig die Dreher in die Schmiede oder Gießerei wandern, um sich ihre Teile selbst zu holen, die Schmiede und Kesselschmiede gehen aus demselben Grunde in das Eisenlager, die Schlosser holen sich aus dem Lager ganz geläufige Artikel, wie Schrauben Unterlegscheiben, Splinte usw.

In der Natur der Sache liegt es nun, daß diese Wanderungen fast immer sehr viel Zeit mehr beanspruchen, als unbedingt erforderlich ist, so daß dadurch schon, ganz abgesehen von vielen anderen direkten und indirekten Nachteilen, ein nicht zu unterschätzender Verlust an produktiver Arbeit eintritt. Wie hoch dieser Verlust sein kann, möge folgendes Beispiel zeigen:

Ein Werk beschäftige ohne Lehrlinge 220 produktive Arbeiter. Der Stundenverdienst der Arbeiter betrage im Durchschnitt 0,70 Mark. Ferner sei angenommen, daß der durchschnittliche Generalunkostenzuschlag 120%, der pro 1 Mark produktiven Lohn verarbeitete produktive Materialwert 3 Mark und der Durchschnittsverdienst 10% beträgt. Unter der weiteren Annahme, daß der durch die Erledigung obiger Versäumnisse entstehende produktive Zeitverlust pro Mann und Tag $^1/_2$ Stunde beträgt, ergibt sich, den Arbeitstag zu 10 Stunden und das Jahr zu 300 Arbeitstagen gerechnet, folgendes Bild:

1. Produktive Löhne 220 · 0,35 · 300   = 23 100 Mark
2. 120% Generalunkosten   = 27 720 »
3. Verarbeiteter Materialwert 3 · 23 100 = 69 300 »

      Selbstkosten   120 120 Mark
      10% Verdienst   12 012 »

            132 132 Mark.

Dies bedeutet, daß bei Vermeidung obiger Mißstände die Jahresleistung bei gleicher Arbeiteranzahl um rund 132 000 Mark gesteigert werden kann. Dabei sind aber nicht nur der Reinverdienst, sondern auch der Unkostenzuschlag, also 27 720 + 12 012 = rund 39 700 Mark verdient.

Diese Zahlen zeigen mit großer Deutlichkeit, daß in einem wirtschaftlich geleiteten Werk die von den Arbeitern zu leistenden Transportarbeiten ein Minimum darstellen müssen.

Dieses Minimum bedingt in erster Linie eine systematische Einteilung sämtlicher Transportarbeiten.

Die Transportarbeiten lassen sich einteilen:

1. in den Transport der Vorratsmaterialien in die dazugehörigen Läger und von dort zu den Verbrauchsstellen,
2. in den Transport der Vorratsmaterialien oder Maschinenteilen innerhalb der Läger oder Werkstätten,
3. in den Transport der Maschinenteile von einer Werkstatt zur anderen,
4. in die Aufräumungs- und sonstigen Reinigungsarbeiten.

Die Erledigung dieser Transportarbeiten muß ebenfalls nach wissenschaftlichen Grundsätzen erfolgen, d. h. mit einem Mindestaufwand an Zeit und Kraft. Dies setzt voraus:

a) sachgemäße Lagerplätze und
b) beste Erledigung der einzelnen Arbeiten.

Als Lagerplätze für die Vorratsmaterialien kommen im allgemeinen in Frage:

1. das Kohlen-Lager (Stein- und Holzkohle, Koks),
2. » Eisen- » (Stab-, Winkel-, Flach-, Vierkant- usw., Luppeneisen, Bleche, Rohre, Nieten, eventuell Schrauben, Unterlagscheiben usw.),
3. » Roheisen- »
4. » Guß- » (für den Handel bestimmte oder auf Vorrat hergestellte Rohgußteile),
5. » Holz- »
6. » Haupt- » (Schmieröle, Hämmer, Stiele, Glas, Putzwolle, Feilen, Spiralbohrer, Edelstähle, Seife, Hähne, Sicherungen, Glühbirnen usw.),
7. » Fertig- » (auf Vorrat gearbeitete fertige Maschinen oder Teile davon).

Diese Läger müssen eine den Verhältnissen entsprechend günstigste Lage zu den Verbrauchs- und Erzeugungsstellen haben, derart, daß ihre Verbindungswege bequem zu befahren und kurz sind. Auch in älteren Werken, bei denen diese Tatsache nicht immer zutreffen wird, läßt sich trotzdem noch manches erreichen.

Weiterhin ist von jedem Lager ein genauer Lagerplan anzufertigen, aus dem ersichtlich ist, wo und wie die einzelnen Materialien zu lagern sind.

Im Eisen-, Guß-, Haupt- und Fertiglager kommen außerdem noch die Zeichnungen der Regale mit Inhaltsangabe dazu, wobei sich empfiehlt nicht nur in jedem Lager den Gesamtplan, sondern auch an jedem Regal den Regalplan anzubringen. Die Anordnung dieser Regale muß so erfolgen, daß jedes Material möglichst nur vorwärts wandert, d. h. nicht denselben Weg, den es beim Eingang in das Lager durchlaufen hat, beim Ausgang noch einmal zurücklegt. Deshalb ist es vorteilhaft, in den Lägern ein Eingangstor und an der gegenüberliegenden Seite ein Ausgangstor zu schaffen. Die Grundgedanken für die Konstruktion und Lage der Regale sind leichte Zugänglichkeit, Übersichtlichkeit und kürzeste Wege. Deshalb wird man oft gebrauchte und schwere Teile möglichst vorn unterbringen. Dann empfehlen sich z. B. keine Holzregale, die auf allen Seiten, außer der Vorderseite, geschlossen sind, sondern solche in Eisenkonstruktion mit offenen Seitenwänden. Bei empfindlichen Teilen kämen vielleicht feines Drahtgewebe oder Glas als Seitenwände in Frage.

Für die wirtschaftliche Erledigung der einzelnen Transportarbeiten gelten genau dieselben Grundsätze, wie sie bereits unter 1. geschildert wurden. Auch diese müssen einzeln, jede für sich, genau durchgearbeitet und studiert werden, bis nach vielen theoretischen Erörterungen und praktischen Versuchen die beste Art der Erledigung gefunden ist. Auch hier gilt der Grundsatz, jede Arbeit mit dem denkbar geringsten Aufwand an Zeit und Kraft zu verrichten. Auch hier müssen die gefundenen Resultate schriftlich und zeichnerisch niedergelegt und deren Befolgung durch ständige Aufsicht des Meisters, in diesem Falle des Hof- oder Platzmeisters, angestrebt werden. In den Lägern selbst können Vorarbeiter diese Überwachungsposten sehr gut ausfüllen.

Der Anfang dieser Studien ist eine genaue Aufstellung aller Transportarbeiten, die in dem Werk vorkommen und daran anschließend die Ausarbeitung von Maßnahmen, die eine Verringerung der einzelnen Arbeiten zur Folge haben. So könnte z. B. in jeder Werkstatt von den gangbarsten Materialien des Hauptlagers ein kleines Nebenlager eingerichtet werden, das nur in größeren Zeitabständen ergänzt zu werden braucht. Das gleiche gilt für die Schmiede und das Eisenlager.

Als Transportarbeiten, deren genaueres Studium sich lohnt, seien erwähnt:

Das Ausladen von Roheisen, Formeisen, Blechen, Luppen, Kohle, Koks, Formsand aus Eisenbahnwagen und Schiffen, der Transport dieser Materialien in die Läger und zu den Verbrauchsstellen, das Stapeln, Aufschütten, Einsortieren in die Regale usw. Dabei sind nicht nur die einzelnen Bewegungen und Zeiten, sondern auch die dazu benötigten Werkzeuge und Hilfsmittel mit gleicher Liebe zu behandeln. Von diesen mechanischen Hilfsmitteln, Gleisen, Kränen, Greifern, Schurren, Transportbändern usw. ist, soweit ihre Beschaffung nicht zu teuer wird, der weitgehendste Gebrauch zu machen.

Gerade bei diesen Arbeiten, bei denen die geistige Tätigkeit des Arbeiters etwas in den Hintergrund tritt, wo es in der Hauptsache auf rein körperliche Leistungen ankommt, wo sich die einzelnen Bewegungen, z. B. beim Ausladen eines Kohlenwaggons in kleinere Wagen, hundertfach einander gleich wiederholen, gerade hier sei auf das Taylor-System hingewiesen, das in diesen Fällen ganz bedeutende Erfolge zu verzeichnen hat. Bei dem Ausladen von Kohlen aus Eisenbahnwagen z. B. hat ein Mitarbeiter Taylors durch zahllose Versuche festgestellt, daß zur Erreichung der besten Leistung bei geringster Kraftentfaltung die Schaufeln eine ganz bestimmte Form und Größe haben müssen und ebenso die Anzahl der gefüllten Schaufeln pro Stunde für Dauerleistungen von größtem Einfluß sind. Diese Tatsache muß jeden weiterblickenden Werksleiters nachdenklich stimmen und zur Kritik der Verhältnisse in seinem Werk anregen.

Ein ganz besonderes Interesse verdienen die Transporte der Maschinenteile innerhalb der einzelnen Werkstätten.

In jeder Werkstatt kann man unterscheiden:

a) Hauptarbeiten,

b) Nebenarbeiten,

c) reine Transportarbeiten.

Die Hauptarbeiten umfassen die rein handwerksmäßigen Arbeiten, deren Erledigung die einzelnen Maschinenteile oder Maschinen ihren Fertigzustand näher bringt. Hierher gehören demnach das Schmieden, Formen, Stemmen, Nieten, Feilen, Zusammenpassen, Anreißen; bei Maschinenarbeiten die rein spanabhebende Tätigkeit der Maschinen usw.

Die Nebenarbeiten lassen sich wieder einteilen:

α) in die örtlichen Transportarbeiten, soweit sie von den Handwerkern erledigt werden, z. B. das Anheben, Zurechtlegen oder Umdrehen der Maschinenteile an Ort und Stelle, das Wenden der Kesselteile beim Nieten; bei Maschinenarbeit das Aufheben, Aufspannen, Ausrichten, Abspannen und Ablegen der Werkstücke und Werkzeuge, das Besorgen und Zurückbringen der Werkzeuge, Zeichnungen und sonstiger Hilfsmittel usw.

β) in die Hilfsarbeiten, z. B. Anschleifen der Stähle, Aufbauen und Abbrechen der Gerüste beim Nieten, das Legen der Leitungen bei Preßluftmaschinen, das Schmieren der Werkzeugmaschinen usw.

Die reinen Transportarbeiten umfassen alle anderen in der Werkstatt vorkommenden Transportarbeiten. Diese sind z. B. in der Kesselschmiede der Transport der Kessel oder Bleche von den Kesselschmieden zu den Niet-, Bohr- und Hobelmaschinen und zurück, oder von einer Kolonne zur anderen, in der mechanischen Werkstatt der Transport der Maschinenteile von einer Maschine zur anderen, vom Anreißplatz zu den Werkzeugmaschinen, in der Formerei das Befüllen des Schmelzofens, der Transport der Modelle vom Modellablageplatz zum Former und zurück, das Tragen des flüssigen Eisens zur Form, das Entleeren der Formkästen, der Transport der Formen und Kerne in die Trockenkammern und zurück usw.

Für die wirtschaftliche Erledigung vorstehender Arbeiten in bezug auf die in Frage kommenden Personen gilt der Grundsatz:

Die Haupt- und Nebenarbeiten sind von den Handwerkern, die reinen Transportarbeiten möglichst nur von den Werkstatthilfsarbeitern zu erledigen.

Eine scharfe Grenze kann natürlich nicht gezogen werden, vielmehr gilt für jede Maßnahme das Prinzip der Billigkeit der aufzuwendenden Löhne und lückenlosen Abwickelung der Arbeiten.

Die Hauptarbeiten wurden bereits unter 1) einer umfassenden Kritik unterzogen. An dieser Stelle bedürfen diese Ausführungen nur insofern einer Ergänzung, als auch die Nebenarbeiten mit der gleichen Gründlichkeit und in gleicher Weise behandelt werden müssen. Auch diese müssen, jede Werkstatt für sich, in erster Linie zusammengestellt, auf das Mindestmaß verringert und für die übrigbleibenden Arbeiten die wirtschaftlich beste Erledigung festgelegt werden. Es sei an dieser Stelle ausdrücklich auf die Tatsache hingewiesen, daß in den weitaus meisten Fällen die Nebenarbeiten ein Vielfaches der dazu gehörigen Hauptarbeiten betragen und deshalb einen nicht zu unterschätzenden Einfluß auf die Leistungsfähigkeit des Werkes ausüben. Dieser Einfluß wächst in immer rascherem Tempo, je mehr ein Werk zur Reihen- oder gar Massenfabrikation übergeht. Wieviel Zeit geht z. B. einem Hobler an einer mittelgroßen Hobelmaschine verloren, dem die zu hobelnden Teile entsprechend seinem Standpunkt unbequem hingelegt werden, der gezwungen ist, sie ebenso umständlich wieder abzulegen, der mit Hilfe einer großen Anzahl von Holzkeilchen dem Werkstück die richtige Lage gibt, der beim Arbeits- oder Stahlwechsel erst eine geraume Zeit im Werkzeugschrank herumkramt, bis er unter dem großen Vorrat endlich den nach seiner Meinung passendsten Stahl gefunden hat, den er dann recht oft anschleift! Wieviel Zeit verlieren die Nieter in der Kesselschmiede beim Bauen der Gerüste durch unfachgemäße Böcke und Belagbretter, durch mangelhafte Vorhalteisen, schlechte Nietenfeuer, mangelhafte Hebezeuge usw. Eine wirksame Abhilfe ist nur durch ein äußerst gewissenhaftes praktisches Studium eines jeden Einzelfalles möglich.

Bei den örtlichen Transportarbeiten handelt es sich um die Schaffung sachgemäßer Werkstatteinrichtungen, z. B. kleiner, leicht beweglicher Hebezeuge, übersichtlicher Werkzeugschränke, bequemer Ablagen für die zu bearbeitenden und solcher für eben bearbeitete Teile von Aufspannvorrichtungen aller Art, überhaupt von Hilfsmitteln, die den Arbeiter instand setzen, mit wenigen Griffen schnell und sicher seine Absicht zu erreichen.

Bei den Hilfsarbeiten handelt es sich um die Schaffung fachgemäßer und tadelloser Werkzeuge. Je größer und vielseitiger der Vorrat an diesen Gegenständen ist, desto leistungsfähiger wird das Werk sein.

Die Schaffung und Unterhaltung dieser Werkzeuge ist ein Studium für sich, das nicht nur viel Erfahrung in der Behandlung der Stahlsorten, sondern auch eine genaue Kenntnis der beim Arbeiten auftretenden Vorgänge und der vorkommenden Arbeiten überhaupt verlangt. Hier ist der praktische Versuch das beste Mittel zum Erfolg. Zwecks bequemer Versorgung der Arbeiter mit Werkzeugen und Werkmitteln muß in jeder Werkstatt eine Werkzeugausgabe vorhanden sein, in der in übersichtlicher Weise nur tadellose Werkzeuge, Aufspannvorrichtungen und sonstige Hilfsmittel in reichlicher Anzahl vorrätig liegen. Taylor verlangt, daß jedem Arbeiter vor Beginn einer Arbeit nicht nur das Arbeitsstück, sondern auch sämtliche dafür erforderlichen Werkzeuge an den Platz gebracht werden. Wenn man auch nicht soweit zu gehen braucht, so muß doch darauf geachtet werden, daß jeder Arbeiter

in seinem Werkzeugschrank nur tadellose Werkzeuge vorrätig hat,
die er dauernd braucht und daß diese die durch viel Versuche gefun-
dene und zeichnerisch niedergelegte Form haben. Selten gebrauchte
Werkzeuge müssen nach Erledigung der Arbeit sofort wieder in die
Werkzeugausgabe abgeliefert werden. Desgleichen dürfen die Arbeiter
schadhaft gewordene Werkzeuge nicht selbst reparieren, sondern müssen
sie gegen tadellose eintauschen. Man kann sich z. B. sehr gut vorstellen, daß die Maschinenarbeiter gar keine Stähle mehr anschleifen,
sondern stumpf gewordene gegen geschliffene in der Werkzeugausgabe
eintauschen.

Von ebenso großer Wichtigkeit wie die Haupt- und Nebenarbeiten
sind in jeder Werkstatt die reinen Transportarbeiten. Sie stehen in
innigster Wechselbeziehung zueinander, insofern als die ersteren die
reinen Transportarbeiten fast immer im Augenblick erzeugen und ebenso
eine sofortige Erledigung derselben fordern. Aus diesem Grunde ist bei
einer stockenden unsteten Fabrikation ein zeitweiliges Überhandnehmen
der reinen Transportarbeiten und damit eine mangelhafte Erledigung
derselben unausbleiblich. Die praktischen Wirkungen dieser Erscheinung
sind der Stillstand ganzer Arbeiterkolonnen, unnötig viel und große
Wartezeiten und damit eine geringe Leistung der Facharbeiter, im
ganzen eine nervöse, aufreibende und unstete Abwickelung der Fabrikation.

Hieraus ergibt sich folgender Grundsatz:

Die Haupt- und Nebenarbeiten stehen in innigster Wechselbeziehung zu den reinen Transportarbeiten in jeder Werkstatt, insofern als erst eine lückenlose stete Abwickelung der
ersteren eine ebensolche der letzteren möglich macht und
umgekehrt.

Zur Erzielung dieser lückenlosen stetigen Abwickelung der Haupt-
und Nebenarbeiten muß jeder Auftrag, auch der kleinste, vor Inangriffnahme in möglichst viel Einzelobjekte zerlegt werden, so daß für jeden
einzelnen Maschinenteil werkstättenweise der Liefertermin festliegt. In
welcher Weise diese Einzeltermine bestimmt werden, ist unter 4) näher
angegeben. Auf diese Weise ist die Erledigung der reinen Transportarbeiten doch nicht mehr so vollständig der Willkür der Facharbeiter
ausgesetzt, vielmehr ist der betreffende Vorarbeiter nunmehr imstande,
im voraus für eine bestimmte Zeit seine Arbeitseinteilung zu treffen.

Eine weitere Bedingung zur Erzielung einer möglichst reibungslosen
Zusammenarbeit zwischen Fach- und Transportarbeiter in der Werkstatt
ist die Einteilung jeder Werkstatt in bestimmte Arbeitsfelder. Von
jeder Werkstatt ist ein genauer Lageplan anzufertigen, auf dem die
Arbeitsplätze der einzelnen Kolonnen, der Stand der Maschinen, die
Ablageplätze für ankommende und die für die weiterzugebenden Maschinenteile bzw. Rohstoffe usw. genau aufgerissen sind. Die Begren-

zungen dieser Plätze sind in der Werkstatt in irgendeiner Weise deutlich kenntlich zu machen und dürfen keinesfalls überschritten werden. Die Bestimmung ihrer Lage erfolgt von dem Gesichtspunkt, die reinen Transportarbeiten auf diese Weise auf ein Mindestmaß herunterzudrücken. Die abzulegenden Teile, Werkstücke oder Werkzeuge, dürfen wiederum nicht willkürlich gelagert oder gar hingeworfen werden. Ihre Lagerung erfolgt wiederum nach dem Gesichtspunkt, größte Übersichtlichkeit bei einfachster Erledigung der reinen Transportarbeiten, zu gewährleisten.

Die dritte Bedingung für die glatte Erledigung der reinen Transportarbeiten verlangt vorzüglich eingearbeitete Transportarbeiter, die die Abwickelung der Fabrikation in ihrer Werkstatt ganz genau kennen. Sie müssen deshalb ständig darin bleiben. Aus ihren Reihen werden dann im Bedarfsfalle die Maschinenarbeiter ausgewählt.

Die vierte Bedingung ist die Erledigung der reinen Transportarbeitern nach wissenschaftlichen Grundsätzen, wie sie bereits vielfach erörtert wurden.

Eine weitere Gattung der Transportarbeiten ist der Transport der fertigen Maschinenteile von einer Werkstatt zur andern. Während man beim Transport der Rohstoffe aus den Lägern in die Werkstätten gewissermaßen auf Vorrat arbeiten kann, also in der Zeit nicht so gebunden ist, sind diese Arbeiten von der Fertigstellung der Maschinenteile, also von der Tätigkeit der Facharbeiter abhängig. Erfolgt ihre Erledigung wiederum nicht innerhalb einer ganz bestimmten Zeit, dann tritt in der empfangenden Werkstatt eine Arbeitsstockung ein. Das einzige Mittel zur Vermeidung dieser Tatsache ist die Festlegung und Einhaltung genauer Liefertermine für jeden Maschinenteil. Da jede Werkstatt die von ihr zu bearbeitenden Werkstücke im Bedarfsfalle ohne zu warten zur Hand haben muß, ergibt sich die weitere Bedingung, daß diese Transportarbeiten von der abgebenden Werkstatt zu erledigen sind.

Werden sämtliche Neben- und reine Transportarbeiten in der eben geschilderten Weise erledigt, dann macht jede Werkstatt einen geordneten und übersichtlichen Eindruck, da die Aufräumungsarbeiten gewissermaßen zwischendurch und tagtäglich erledigt werden, wodurch sie sich wiederum auf das Mindestmaß verringern. Es erübrigt sich nur noch, ein besonderes Augenmerk auf die Reinigungsarbeiten zu richten. Hier gilt der Grundsatz:

Die größte Sauberkeit der Höfe, Läger, Werkstätten und ihrer Einrichtungen, Werkzeugmaschinen und Werkzeuge ist eins der besten und billigsten Mittel die Freude an der Arbeit und damit die Leistungsfähigkeit eines Werkes zu heben.

Zu 3. Wird einem Arbeiter eine Arbeit übertragen, so studiert er zuerst die Zeichnung, die Skizze, den Bestellzettel oder das Musterstück und überlegt, wie er die Arbeit am besten anfängt und weiterführt, damit das Arbeitsstück den gestellten Anforderungen genügt. Die Dauer dieser Geistesarbeit hängt natürlich von der Begabung des Arbeiters ab, wird aber sofort abgebrochen, sobald er der Meinung ist, daß die dafür aufgewendete Zeit nicht mehr mit dem für das betreffende Stück bewilligten Akkord in Einklang steht. Es ist deshalb gar nicht so selten, daß manche Arbeiter über die zweckmäßigste Erledigung der ihnen übertragenen Arbeiten, über den verlangten Genauigkeits- und Sauberkeitsgrad derselben nur mangelhaft unterrichtet sind. Die unausbleiblichen Folgen dieser Erscheinung sind außer falsch oder ungenau ausgeführten Arbeitsstücken ein langsamer Arbeitsfortgang. –

Nach den bisherigen Ausführungen scheint es nun, als ob durch eine gewissenhafte Befolgung der darin niedergelegten Grundsätze diese Geistestätigkeit der Arbeiter nicht mehr erforderlich ist. Das ist nicht der Fall. Sie wird zwar stark vermindert, aber nicht beseitigt.

In den bisherigen Ausführungen handelt es sich, wie bereits erwähnt, nur um Arbeitsmethoden, die einen Sammelbegriff darstellen. Nun ergeben sich aber für jedes Arbeitsstück besondere Einzel-Arbeitsverfahren, die von dessen Form und Zweck so beeinflußt werden, daß sie sich für zwei verschiedene Arbeitsstücke gleicher Gattung kaum wiederholen. Man wird z. B. auf das Anrichten der Wechsel bei einem Dampfkessel mehr Zeit aufwenden, als bei einem einfachen Wasserfaß, andererseits vollzieht sich dieses Anrichten bei 10 m m-Blechen in anderer Weise als bei solchen von 25 m m Stärke. Der Zusammenbau einer Ziegeleimaschine ist in bezug auf Genauigkeit nicht derselbe wie der einer Textil- oder Dampfmaschine usw.

Taylor verlangt nun auch für diese Einzel-Arbeitsverfahren die bisher geschilderte schriftliche Festlegung und außerdem die schriltliche Bekanntgabe derselben für jeden Einzelfall an den Arbeiter (Arbeitsunterweisungen). Damit erzielt er, daß den Arbeitern jede Handhabe für irgendwelche selbständige Handlungen oder gar Überlegungen genommen ist. Sie haben weiter nichts zu tun, als vor Inangriffnahme einer Arbeit die dazugehörige Arbeitsunterweisung zu lesen und die darin niedergelegten Vorschriften zu befolgen. Da diesen Arbeitsunterweisungen nur die besten Leistungen der besten Arbeiter zugrunde gelegt sind, so läßt sich nicht leugnen, daß bei gewissenhafter Befolgung der Vorschriften die Leistungsfähigkeit eines Werkes bis zur Höchstgrenze gesteigert werden kann. Trotzdem hat diese Methode soviel Schattenseiten, daß ihre Einführung für deutsche Verhältnisse nicht empfehlenswert erscheint.

In jedem Menschen lebt als Naturgesetz mehr oder weniger stark der Drang, sich schöpferisch zu betätigen, d. h. in jede Arbeit etwas von seinem eigenen Ich hineinzulegen. Die Betätigung dieses Dranges, das Bewußtsein, selbst etwas geschaffen zu haben, der auf eigner Geistestätigkeit basierende Erfolg, auch wenn er noch so klein ist, schaffen erst die wahre Freude an der Arbeit, vertiefen die Anschauung und fördern die Intelligenz. Kein noch so großer Verdienst wird auf die Dauer allein imstande sein, vorstehende Resultate zu zeitigen, vielmehr nur dahin führen, die Lebensweise der Arbeiterschaft zu verfeinern und nicht zu verbessern, während die Geistestätigkeit allmählich verflacht. Deshalb ist anzunehmen, daß die vorstehend geschilderte Handhabung des Taylor-Systems auf der einen Seite zwar gestattet, auch mit minderwertigeren Arbeitern recht achtbare Leistungen an Arbeit zu erzielen, auf der anderen Seite aber die Arbeiterschaft unselbständig und damit die Industrie beim Wechsel der Fabrikation schwerfälliger werden wird.

Der Weltkrieg hat gezeigt, daß der deutsche Arbeiter gerade in dieser Hinsicht auf der Höhe ist und an Intelligenz von keinem anderen der Welt übertroffen wird, ein Beweis dafür, daß dessen Ausbildung und Arbeitsweise im großen und ganzen den richtigen Weg gegangen sind. Der bei Erörterungen über vorstehende Anwendung des Taylorsystems oft geführte Hinweis auf Sportsleistungen ist insofern nicht ganz zutreffend, als es sich hierbei hauptsächlich um Vergnügen handelt, die man jederzeit aufgeben und ebenso wieder aufnehmen kann. Weiterhin darf nicht vergessen werden, daß die tägliche Aufstellung der Arbeitsunterweisungen eine ganz erhebliche Beamtenvermehrung verlangt. Wenn dieses Moment auch nicht ausschlaggebend ist, so erfordert es doch, besonders für mittlere Werke, eine gewissenhafte Beachtung.

Aus diesen Gründen erscheint es zweckmäßiger, bei Übergabe einer jeden Arbeit den Arbeitern mündlich die nötigen Erklärungen zu geben, die Zeichnungen usw. genau zu erklären, den Zweck des Maschinenteiles zu erläutern und den dafür erforderlichen Genauigkeitsgrad zu bestimmen. Sie müssen weiterhin dauernd unterrichtet werden, wie die betreffende Arbeit weiterzuführen ist, damit der dafür erforderliche Kraft- und Zeitaufwand ein Minimum wird. Unter diesen besonderen Belehrungen soll nun keine Kontrolle verstanden werden, die wie ein Alp auf dem Arbeiter lastet und jede Selbständigkeit und Freude an der Arbeit erstickt. Im Gegenteil, jeder selbständig denkende und arbeitende Arbeiter soll auch die Achtung und Anerkennung finden, die seine ersprießliche Tätigkeit verdient.

Auch die weniger begabten Arbeiter sollen nicht bevormundet werden, ihnen soll nur geholfen und gezeigt werden, wie sie trotz ihrer minderen Begabung bei Fleiß Tüchtiges leisten und dafür einen guten Verdienst einheimsen können.

Es muß weiterhin bei diesen Belehrungen nicht immer nach dem ausschließlichen Willen der Vorgesetzten gehen, sondern bei diesen Aussprachen spricht der Fachmann zum Fachmann, steht Meinung gegen Meinung. In diesem Punkt liegt das Geheimnis einer wirtschaftlichen und zugleich menschlichen Werkstattleitung, daß die Arbeiter bei aller Selbständigkeit doch jede Arbeit in der von ihren Vorgesetzten gewünschten Weise erledigen und dabei der Überzeugung sind, daß dieses Resultat nur ihrer Intelligenz und Tüchtigkeit zuzuschreiben ist.

Zu 4. Die gewissenhafte Befolgung der in den Abschnitten 1—3 niedergelegten Ausführungen über die zweckmäßigste Erledigung irgendeiner Arbeit genügt noch nicht, die Arbeitsweise eines Werkes als Ganzes wirtschaftlich zu gestalten. Dazu bedarf es weiterhin einer systematischen Ein- und Verteilung sämtlicher Arbeiten und größtmöglichsten Verringerung der zwischen den einzelnen Arbeiten liegenden unnötigen Wartezeiten.

So einfach diese Tatsache erscheinen mag, so wenig wird sie vielfach beachtet.

In vielen Werken ist die Ein- und Verteilung der Arbeiten in den Werkstätten fast vollständig den Meistern, oft sogar den Arbeitern selbst überlassen. Die Meister erhalten die Werkstattsaufträge in Form von Zeichnungen und Bestellzetteln mit Angabe des Endlieferungstermins zugestellt und suchen im Bedarfsfalle aus dem Vorrat die nach ihrer Meinung eiligsten Arbeiten heraus, die sie dann den Arbeitern übertragen.

Diese Arbeitsein- und -verteilung basiert naturgemäß auf Augenblicksentschlüssen, die jeder ruhigen Überlegung und weisen Voraussicht entbehren. Die hervorstechendste Folge davon ist außer einem öfteren Wechsel zwischen Arbeitsmangel und -überlastung beim einzelnen Arbeiter eine mit der Vollendung eines Auftrages stetige Zunahme des Arbeitstempos, dem zum Schluß zur Einhaltung des Endlieferungstermines fast immer die »unbedingt erforderlichen« Überstunden zu Hilfe kommen müssen.

Eine weitere Folge dieser Methode sind überreichlich große unnötige Wartezeiten zwischen den einzelnen Arbeiten. Wenn man diesen bisher weniger Beachtung schenkte, so hat das seinen Grund darin, daß sie für die Arbeiter das beste Mittel darstellen, einen zu hohen Akkord als solchen zu verschleiern und deshalb in vielen Fällen nicht zur Kenntnis der Aufsichtsorgane gelangen. Außerdem ist es bei der in vielen Werken üblichen Werkstattorganisation für die Meister und Betriebsleiter praktisch unmöglich, diese Wartezeiten in gewissenhafter Weise zu beobachten und auf ihre Verminderung hinzuarbeiten. Welche Bedeutung sie aber für die Wirtschaftlichkeit eines Werkes haben können, möge nachstehendes Zahlenbeispiel zeigen:

In einem Werk von 220 produktiven Arbeitern möge jeder per Tag 5 Arbeitsstücke fertigstellen, wobei auf jedes Stück eine unnötige Wartezeit von 5 Minuten entfallen möge. In 300 Arbeitstagen ergibt sich demnach bei einem durchschnittlichen Stundenverdienst von 0,70 Mark ein Verlust an produktivem Lohn von $5 \cdot 5 \cdot 220 \cdot 300 \cdot 0,7 = 19\,250$ Mark.

Die wissenschaftliche Betriebsführung vermeidet diese unwirtschaftlichen Zustände dadurch, daß sie die gewissenhafte Befolgung nachstehender Grundsätze verlangt, und zwar

a) für die Arbeitseinteilung:

> Jeder eingehende Auftrag ist vor seiner Inangriffnahme in der Werkstatt in seine Einzelteile zu zergliedern. Für jeden dieser Einzelteile ist unter Berücksichtigung der jeweiligen Verhältnisse in den Werkstätten der Zeitpunkt festzulegen, bis zu dem sie in jeder Werkstatt fertiggestellt sein müssen, damit bei einer ruhigen, steten Arbeitsweise der Endliefertermin des ganzen Auftrages mit Sicherheit eingehalten werden kann.

b) für die Arbeitsverteilung:

> Für jedes Arbeitsstück ist die Arbeitszeit zu bestimmen, die bei einer ruhigen, steten Arbeitsweise zu seiner Erledigung erforderlich ist. Auf Grund dieser Zeitbestimmungen ist jedem Arbeiter täglich eine bestimmte Arbeitsmenge zuzuweisen, die er ohne Überanstrengung bewältigen kann.

Die Grundlage für die Zergliederung eines Auftrages in seine Einzelteile bilden die auf jeder Zeichnung oder sonstigen Werkstattaufgabe befindlichen Stücklisten. Für den vorliegenden Zweck müssen sie noch einmal zusammengestellt und mit einer Spalte für den Liefertermin versehen jeder Werkstatt für sich zugänglich gemacht werden. Um diese Zusammenstellungen übersichtlich zu gestalten, empfiehlt es sich, den ganzen Auftrag in Gruppen einzuteilen, die ein Auffinden der Einzelteile wesentlich erleichtern. Bei einer Dampfmaschine würden sich z. B. folgende Gruppen ergeben: „Zylinder mit Gradführung und Lager, Kurbelwelle mit Schwungrad, Kolben mit Pleuelstangen, Steuerung und Regulierung, Bekleidung, Schmierung, Andrehvorrichtung, Kondensator mit Antrieb.

Die im eigenen Werk erforderlichen und selbst ausgeführten Reparaturarbeiten sind in genau derselben Weise zu behandeln.

Die Feststellung der Liefertermine für jeden Einzelteil geht in der Weise vor sich, daß man vom Endliefertermin des ganzen Auftrages ausgehend rückwärts die Liefertermine für die Hauptteile der vorstehend erwähnten Gruppen bestimmt. Die Liefertermine der Einzelteile ergeben sich dann fast von selbst. Dabei genügt es, für jede Werkstatt und jeden Einzelteil seinen Ablieferungstermin zu bestimmen. Dieser Zeitpunkt darf unter keinen Umständen überschritten werden, denn gerade auf der Einhaltung dieser Termine beruht das gedeihliche Zusammenarbeiten aller Werkstätten untereinander. Die Bestimmung der Zeitpunkte, bei denen ein Werkstück einen bestimmten Bearbeitungszustand, z. B. fertig gehobelt, gebohrt, gefräst usw., erreicht haben soll, bedarf in den Werken des allgemeinen Maschinenbaues keiner schriftlichen Festlegung. Diese Terminbestimmung erfolgt durch die Meister in mündlicher Weise auf ihren täglichen Rundgängen. Eine Ausnahme bilden die Werkstätten, in denen große in sich abgeschlossene Fabrikate ohne nennenswerte Mithilfe der anderen Werkstätten hergestellt werden, z. B. Kesselschmieden, Eisenkonstruktionswerkstätten usw. In diesen müssen auch für die einzelnen Bearbeitungszustände die Liefertermine in schriftlicher Weise niedergelegt werden.

In den Werken mit Reihen- oder Massenherstellung kann und muß man in der Lieferterminbestimmung bis in die kleinsten Einzelheiten gehen. Sie ist in diesem Fall aber so einfach, daß man mit leichter Mühe fast für Wochen hinaus für jeden Arbeiter den Termin zeichnerisch festlegen kann.

Die von auswärts bezogenen Teile sind in genau derselben Weise zu behandeln.

Wer es einmal versucht hat, einen Auftrag in dieser Weise vor seiner Inangriffnahme durchzuarbeiten, wird erstaunt sein, wie ungemein viel Gesichtspunkte berücksichtigt werden müssen, um zu einem einigermaßen brauchbaren Resultat zu kommen, und weiterhin zu der Erkenntnis gelangen, daß, falls diese Arbeit nicht geleistet wird, eine wirklich wirtschaftliche Arbeitsweise in den Werkstätten praktisch vollständig ausgeschlossen ist.

Auf dieser genauen Einteilung aller Aufträge baut sich nunmehr die sachgemäße Verteilung der einzelnen Arbeiten in den Werkstätten auf. Um sie praktisch zu ermöglichen, ergibt sich als weitere Bedingung die genaue Festsetzung der Arbeitszeiten für jeden einzelnen Maschinenteil.

Diese Bedingung ist für die meisten Werke gar nicht so schwierig zu erfüllen, vorausgesetzt, daß sie bereits über eine gute Nachkalkulation verfügen. In dieser werden bekanntlich für jeden Einzelteil die Herstellungslöhne gewissenhaft zusammengestellt. Die Vervollständigung dieser Lohnzusammenstellungen durch Feststellung der Herstellungszeiten bedeutet demnach nur einen kleinen Schritt, der schon deshalb getan werden muß, weil die Ergebnisse einer guten Vorkalkulation nur auf gewissenhaften Zeitstudien beruhen. Die Zeitstudien für jeden Maschinenteil können allerdings nur in der Werkstatt gemacht werden, sind in Wirklichkeit jedoch nicht so umfangreich, weil ein großer Teil dieser Arbeiten in dem Kalkulationsbureau rechnerisch erledigt werden kann. Außerdem schafft die gewissenhafte Befolgung der in den Abschnitten 1—3 niedergelegten Bedingungen nach und nach ein derartig genaues und zahlreiches Zeitenmaterial, daß 'die Zeitbestimmungen für jeden Einzelteil nur das Schlußglied dieser Betrachtungen bilden.

Nunmehr kann für jeden Arbeiter die täglich zu erledigende Arbeitsmenge bestimmt werden. Zu diesem Zweck werden die in den Werkstattstücklisten verzeichneten Einzelteile nach ihren Lieferzeiten geordnet tageweise zusammengestellt, so daß jeder Meister imstande ist, ohne große Fehler zu machen und ohne daß übermäßig große Anforderungen an sein Dispositionstalent gestellt werden, für eine gewisse Zeit im voraus die Arbeiten an die einzelnen Arbeiter zu verteilen. Die täglich und unverhofft auftretenden zahlreichen Hindernisse können nicht mehr unbemerkt bleiben, bis ihre Wirkungen bereits nicht mehr zu beseitigen sind. Sie treten vielmehr sofort zutage, so daß ihre Folgen durch Umdisponierung im Keime erstickt werden können.

Um nun noch die zwischen den einzelnen Arbeiten liegenden Wartezeiten auf ein Mindestmaß herabzudrücken, braucht man bei jedem Arbeiter nur noch für einen gewissen Vorrat an Arbeitstücken zu sorgen, so daß er im Behinderungsfall ohne Zeitverlust die nächste Arbeit in Angriff nehmen kann.

Während bei dieser Arbeitsverteilung die Übergabe der einzelnen Arbeiten und die Bekanntgabe der Lieferzeiten derselben in mündlicher Weise erfolgt, verlangt Taylor, daß dies auf schriftlichem Wege geschieht. Er erreicht dies dadurch, daß er jeden Tag für jeden Arbeiter auf Grund der tags zuvor geleisteten Arbeitsmenge einen Arbeitsplan aufstellt, aus dem dieser die Anzahl und Reihenfolge der abzuliefernden Stücke ersehen kann. Die dazugehörigen bereits früher erwähnten Arbeitsunterweisungen klären ihn weiterhin über die einzelnen Arbeitszeiten usw. auf, so daß ein Zeitverlust so leicht nicht eintreten kann. Wenn man auch zugestehen muß, daß diese Arbeitsverteilung einen Idealzustand bedeutet, so haftet ihr doch als Nachteil eine allzugroße Umständlichkeit an, ein Umstand, der ihre Einführung in Werke des allgemeinen Maschinenbaues nicht empfehlenswert macht.

Zu 5. Die Entlöhnung der Arbeiter wird im allgemeinen als das schwierigste Problem hingestellt, weil bei diesem die Ansichten der dafür in Betracht kommenden Parteien sich diametral gegenüberzustehen scheinen.

Vom Arbeitgeber wird behauptet, daß er mit allen Mitteln bestrebt ist, den für die Fertigstellung eines Arbeitsstückes erforderlichen Lohnbetrag und damit den Verdienst der Arbeiter so niedrig wie möglich zu halten. Vom Arbeitnehmer wird behauptet, daß er ebenso mit allen Mitteln bestrebt ist, den obigen Lohnbetrag und damit sein Verdienst so hoch wie möglich zu halten.

Ein scheinbarer Ausgleich dieser Ansichten findet im kleinen an jedem Löhnungsschluß statt, bei dem die Meister bei Lohndifferenzen mit den Arbeitern nach vielen aufreibenden Erörterungen und nach mehr oder weniger heftigen Zusammenstößen schließlich doch handelseinig werden. Im großen findet dieser Ausgleich manchmal durch Verhandlungen der gesamten Arbeiterschaft mit der Direktion, manchmal durch Streiks statt. Die Streiks haben ihre Ursache meistens in der Meinung ganzer Arbeiterkategorien, daß ihr Durchschnittsverdienst den der zeitigen Lebensbedingungen entsprechend zu niedrig ist. Diese Ursache dürfte nie, auch nicht vom Taylor-System, beseitigt werden, und damit dürften auch die Streiks in den nächsten Jahrzehnten nicht verschwinden.

Anders liegen die Verhältnisse beim einzelnen Arbeiter, der jede Löhnung seinen Meister um eine Verbesserung seines Verdienstes angeht. Hier ist es ohne weiteres möglich, ein Einvernehmen zwischen Arbeitgeber und -nehmer herzustellen. Dem weiterschauenden Arbeitgeber liegt nur daran, sein Werk leistungs- und wettbewerbfähig zu halten, d. h. die Herstellungskosten seiner Fabrikate, wozu auch die Löhne gehören, mindestens so niedrig wie die der Konkurrenz zu halten. Die Arbeiter wiederum bemängeln in den bereits erwähnten Verhandlungen mit den Meistern weniger die für die Arbeitsstücke ausgeworfenen Lohnbeträge, als die Umstände, unter denen sie diese Arbeiten erledigen müssen und die sie hindern, einen höheren Verdienst durch Mehrleistung zu erzielen. Werden von der Werksleitung diese Umstände, z. B. schlechte Werkzeugmaschinen und Werkzeuge, Material- und Werkstückmangel, ungenaue Zeichnungen und Angaben, mangelhafte Hebezeuge oder sonstige Transportmittel usw., beseitigt, dann fällt für den einzelnen jeder Grund zu Lohnstreitigken fort. Die Arbeiter sind dann imstande ohne Mehranstrengung ihren Verdienst zu verbessern und werden manchmal sogar mit der Herabsetzung des vorher zu niedrig erschienenen Lohnbetrages für ein Arbeitsstück einverstanden sein. Unfähige und prinzipiell unzufriedene Arbeiter oder notorische Faulpelze finden bei ihren Kollegen keinerlei Unterstützung, sie müssen sich der Mehrheit fügen.

Auf diesem Prinzip ist die ganze wissenschaftliche Betriebsführung aufgebaut, so daß sie auf diese Weise auch auf eine beträchtliche Verminderung der Streiks hinarbeitet.

Die Entlöhnung der Arbeiter selbst findet in Deutschland mit verschwindenden Ausnahmen nach dem Stundenlohn- und Stücklohnverfahren statt.

Das erste Verfahren ist derartig unwissensschaftlich, daß es nach Möglichkeit vermieden werden muß.

Dem Stücklohnverfahren wird nachgesagt, daß es die Arbeiter hindert, ihre beste Leistung herzugeben, da in diesem Falle, bei zu hohem Verdienst, auch wenn er wirklich überaus tüchtigen Leistungen entspricht, der Stückpreis einfach heruntergesetzt wird. Diesen Vorwurf kann man jedem Lohnsystem machen. Das Stücklohnverfahren hat aber vor allen anderen den nicht leicht wiegenden Vorteil der Einfachheit in jeder Hinsicht. Ein weiterer Nachteil soll in der Schwierigkeit der Bestimmung der richtigen Höhe der Stücklöhne liegen. Nach den bisherigen Ausführungen dürfte dieser Einwand kaum noch stichhaltig sein.

Die einzige wirkliche Schwierigkeit, die aber jedem Entlöhnungsverfahren anhaftet, liegt in den Voraussetzungen, die bei der Preisbestimmung zu machen sind.

Taylor verlangt eine Preisbestimmung unter Zugrundelegung der höchsten Leistung der besten Arbeiter und verlangt dann für diese einen Verdienst, der hoch über dem der Durchschnittsleistung steht. Diese Voraussetzung hat den Nachteil, daß die in jeder Werkstatt vorhandenen wenigen Höchstverdienste von der großen Masse, d. h. den mittelmäßigen Arbeitern, aus dem einfachen Grunde nicht angestrebt werden, weil sie eben für die Mehrzahl unerreichbar sind. Der Zweck, als Ansporn zu dienen, ist damit nicht erreicht. Außerdem ist es überaus schwierig, ja sogar unmöglich, in jeder Werkstatt so ausnehmend tüchtige Leute zu finden, die außerdem noch bereit sind zum Zweck der Preisbestimmung ihre beste Leistung herzugeben.

Mit Rücksicht darauf ist es richtiger, in jeder Werkstatt die mittelmäßigen Leistungen als Maßstab anzunehmen und danach die Stückpreise so zu bestimmen, daß bei der in den Abschnitten 1—3 geschilderten Arbeitsweise jeder mittelmäßige Arbeiter den ortsüblichen Durchschnittsverdienst erzielt. Die hieraus sich ergebenden Höchstverdienste der tüchtigen und fleißigen Arbeiter werden dann das sein, was sie sein sollen: ein Ansporn zur Nachahmung.

2. Die Meister.

Beim Lesen des vorigen Kapitels »Die Arbeiter« drängen sich die Fragen auf:

Welche Wirkung übt die wissenschaftliche Betriebsführung auf die Tätigkeit der Aufsichtsorgane aus?

Welche Vor- und Fachausbildung müssen diese besitzen, um den an sie gestellten Ansprüchen gewachsen zu sein?

Setzt die wissenschaftliche Betriebsführung zur sachgemäßen Leitung einer Werkstatt derartig viel und verschiedenartige Spezialkenntnisse voraus, daß sie nicht mehr in einer Person vereinigt zu finden sind oder nicht?

Der Einfachheit halber sei vorausgesetzt, daß die in dem vorigen Kapitel geschilderten Grundbedingungen bereits vorhanden sind, so daß nur untersucht zu werden braucht, in welcher Weise sie zu erhalten und zu vertiefen sind.

Die in den meisten deutschen Werken zurzeit vorhandenen direkten Vorgesetzten der Arbeiter sind die Meister. Sie gehen aus dem Arbeiterstand hervor und übernehmen mit ihrer Stellung die volle Verantwortung für alle Vorgänge in der Werkstatt. Sie sind vielfach in einer Person Werkstattleiter, Terminbeamter, Aufsichtsbeamter der Werkzeugmacherei und der in ihrer Werkstatt befindlichen Werkzeugmaschinen und sonstigen maschinellen Einrichtungen, Konstrukteur für Werkzeuge und Aufspannvorrichtungen, Vor- und Nachkalkulator und Lohnbuchhalter. Berücksichtigt man weiterhin, daß sie die hieraus sich ergebenden umfangreichen Schreibarbeiten zum größten Teil selbst erledigen müssen, so ist es nicht mehr verwunderlich, daß unter diesen Umständen in der Abwickelung der Arbeiten tagtäglich ganz erhebliche Fehler vorkommen müssen, deren nachteilige Folgen zu unliebsamen Erörterungen Anlaß geben. Man ist sich dessen auch bewußt und hat diesen Zustand mit »Meisterwirtschaft« bezeichnet. Dieses Wort durfte nie auftauchen, denn man darf nie vergessen, daß der heutige hohe Stand unserer Industrie nicht zum geringen Teil den tüchtigen Leistungen unserer Meisterschaft zugeschrieben werden muß, so daß obige Kennzeichnung ihrer Tätigkeit ganz ungerechtfertigt erscheint. Die Meister haben jahrzehntelang nach bestem Wissen und Gewissen ihren nicht leichten Beruf ausgeübt, und wenn es eben manchmal nicht so geklappt hat, wie es sollte, dann haben sie im allgemeinen die wenigste Schuld daran. Diese trifft vielmehr die Werksleitungen, die nicht daran gedacht haben, daß sie ihren Meistern Funktionen übertrugen, die sie unmöglich restlos erfüllen konnten. Hätte man statt »Meisterwirtschaft« das Wort »Organisationswirtschaft« geprägt, dann wäre man dem wahren Grund obiger Übelstände entschieden näher gekommen.

Der Meister im obigen Sinne konnte eben nie wirtschaftlich arbeiten, für die wissenschaftliche Betriebsführung ist er vollständig unbrauchbar.

Auch Taylor nimmt denselben Standpunkt ein (siehe Taylor-Wallichs: Die Betriebsleitung). Nach seiner Meinung werden von einem Meister in obigem Sinne nachstehende Eigenschaften bzw. Kenntnisse verlangt:

1. Er muß ein erstklassiger Facharbeiter sein.
2. Er muß die Zeichnungen gut verstehen.
3. Er muß disponieren können.
4. Er muß Ordnungssinn haben.
5. Er ist für die Güte der Fertigstücke seiner Werkstatt verantwortlich.
6. Er muß energisch sein.
7. Er muß das ganze Arbeitsfeld seiner Werkstatt überblicken können.
8. Er muß die Arbeitszeiten der verschiedenen Arbeitsstücke sicher beurteilen können.
9. Er muß ein gerechter und achtunggebietender Vorgesetzter sein.

Da er es nun für ganz ausgeschlossen hält, daß unter den Arbeitern, aus denen die Meister gewählt werden, auch nur einer zu finden ist, der wenigstens den größten Teil der vorgenannten Eigenschaften in sich vereinigt, so verlangt er eine Aufteilung der Pflichten der Meister in so viele Teile, daß jeder dieser Teile von einer Person auch mit nicht hervorragender Begabung voll und ganz bewältigt werden kann.

In diesem Sinne verlangt er ganz allgemein statt eines Meisters deren acht Meister bzw. Beamte.

Diese sind:

1. Der Vorrichtungsmeister,
2. der Geschwindigkeitsmeister,
3. der Prüfmeister,
4. der Instandhaltungsmeister,
5. der Arbeitsverteiler,
6. der Anweisungsbeamte,
7. der Zeit- und Kostenbeamte und
8. der Aufsichtsbeamte.

Taylor verlangt nun nicht etwa für jede Werkstatt diese acht Beamte. Es kann vielmehr je nach Größe des Werkes der eine oder andere mehrere Werkstätten beaufsichtigen.

Der Vorrichtungsmeister bereitet jede Arbeit vor, indem er dafür sorgt, daß bei ihrer Inangriffnahme sämtliche erforderlichen Werkzeuge und Aufspannvorrichtungen pünktlich und in tadellosem Zustande zur Stelle sind. Er sorgt ferner dafür, daß, wenn ein Werkstück in Arbeit, das nächste in derselben Weise bereits vorbereitet ist.

Der Geschwindigkeitsmeister sorgt für die Einhaltung der vorgeschriebenen Umdrehungszahlen, Vorschübe, Schnittgeschwindigkeiten und untersucht die dafür benötigten Werkzeuge daraufhin, ob sie den an sie gestellten Ansprüchen auch mühelos gewachsen sind.

Der Prüfmeister untersucht sämtliche in Arbeit befindlichen und eben fertig gewordenen Werkstücke auf die Richtigkeit und Genauigkeit der vorgeschriebenen Abmessungen und Arbeitsflächen.

Der Instandhaltungsmeister überwacht ständig die vorhandenen Maschinen, Transmissionen, maschinellen Einrichtungen auf beste Betriebssicherheit und Sauberkeit hin.

Der Arbeitsverteiler schreibt täglich für jeden Arbeiter eine Arbeitsübersicht aus, auf der die tagsüber fertig zu stellenden Arbeiten, sowie die Reihenfolge ihrer Erledigung vermerkt sind.

Der Anweisungsbeamte schreibt für jede Arbeit die dazugehörige Arbeitsanweisung aus, wie sie bereits in dem vorigen Kapitel mehrfach erwähnt wurde.

Der Zeit- und Kostenbeamte untersucht ständig, ob die in den Arbeitsunterweisungen angegebenen Arbeitszeiten auch eingehalten werden.

Der Aufsichtsbeamte sorgt für die Aufrechterhaltung der Ordnung und beseitigt sämtliche auftretenden Differenzen zwischen den vorstehenden Beamten und den Arbeitern.

Es muß auch hier zugegeben werden, daß bei dieser Arbeitsteilung mit Meistern ohne besondere Begabung und mit verhältnismäßig ungeschulten Arbeitern eine ganz beträchtliche Arbeitsleistung erzielt werden kann. Die damit in Verbindung stehende bedeutende Erhöhung der Unkosten kommt dabei nicht in Frage, wenn nur die Herstellungskosten geringer werden. Aber gerade darin liegt das erste Bedenken.

Der deutsche Industriearbeiter steht infolge seiner vorzüglichen Volksschul-, Fortbildungsschul- und Lehrlingsausbildung, sowie infolge seiner seit Jahrzehnten verhältnismäßig selbständigeren Betätigung in den Werkstätten, die ihn ständig zum Nachdenken anregte, auf einer so hohen Stufe geistiger Intelligenz und handwerksmäßiger Tüchtigkeit, daß es zweifelhaft erscheint, ob obige Methode derartige Erfolge erzielen würde, daß sie sich bezahlt macht.

Ein zweites Bedenken liegt in dem Nebeneinanderarbeiten so vieler Personen in einer Werkstatt. Es ist anzunehmen, daß selbst bei bester Aufsicht, sich derartig viel persönliche und sachliche Zwistigkeiten ergeben, daß ein harmonisches Zusammenarbeiten kaum möglich ist.

Der Hauptnachteil dieser Methode jedoch liegt in dem Umstand, daß bei ihrer Durchführung der Meister im bisherigen Sinne, d. h. als Werkstattsleiter, aufhört zu bestehen. Obige Beamte leiten nicht mehr eine Werkstatt, sondern sie führen einfach ganz bestimmte Arbeiten nach ebenso bestimmten Anweisungen, die sie von einem besonderen Bureau, dem Arbeitsbureau, erhalten, aus. Sie werden deshalb wenig auf Verbesserungen sinnen und selbst etwas schaffen, zumal sie zwar die Anregung dazu geben dürfen, die weitere Bearbeitung und Ausführung ihrer Ideen dem eben genannten Bureau überlassen müssen. Dadurch begibt man sich eines der wichtigsten Vorteile, den die Tätigkeit einer leitenden, tüchtigen Persönlichkeit in sich birgt: die ständige Verbesserung, Verfeinerung und Vertiefung der Fabrikation.

Aus diesem Grunde empfiehlt es sich für deutsche Verhältnisse, den Meister an sich beizubehalten und ihn und seine Tätigkeit wie folgt zu kennzeichnen:

Der Meister ist der in erster Linie verantwortliche Leiter der Werkstatt, der berechtigt ist, ganz selbständig innerhalb seiner Abteilung jede Maßnahme zu treffen, die eine Erhöhung der Wirtschaftlichkeit zur Folge hat.

Es handelt sich nur darum, seine Tätigkeit so zu gestalten, daß sie auch im Sinne der wissenschaftlichen Betriebsführung von jedem tüchtigen, intelligenten Fachmann ohne Überanstrengung erledigt werden kann.

Erreicht wird dieses Ziel dadurch, daß man:

1. den Meister unter allen Umständen von jeder Schreibarbeit befreit,
2. seine Tätigkeit leitend, d. h. aufsichtsführend und schöpferisch gestaltet,
3. ihm genügend und geschulte Hilfskräfte zur Verfügung stellt und
4. die im vorigen Kapitel geschilderten Grundbedingungen möglichst weitgehend ausbaut.

Die bei der Leitung einer Werkstatt aus der Erledigung der Aufträge sich ergebenden Arbeiten sind:

1. die Empfangnahme der Werkstattsaufträge (Zeichnungen, Bestellzettel und Stücklisten),
2. die Empfangnahme der Halbfabrikate aus den anderen Werkstätten,
3. die Empfangnahme der von auswärts bezogenen Teile,
4. die Ausschreibung der für die Herstellung der Arbeitsstücke erforderlichen Rohstoffe,
5. die Ausschreibung der für die Aufrechterhaltung des Betriebes erforderlichen Betriebsmaterialien,
6. die Feststellung der für die einzelnen Arbeitsstücke notwendigen Liefertermine,
7. die Verteilung der einzelnen Arbeiten an die einzelnen Arbeiter,
8. die Überwachung der Fabrikation
   a) in fachmännischer,
   b) in zeitlicher und
   c) in finanzieller Hinsicht,
9. die Ablieferung der fertigen Werkstücke und Maschinenteile an die anderen Werkstätten oder die Versandstelle.

Dazu kommt noch:

10. die Überwachung der Werkzeugmacherei,
11. die Überwachung der Werkzeugmaschinen und sonstigen maschinellen Einrichtungen,
12. die Aufrechterhaltung der Ordnung.

Für den Meister kommt nun nur die Erledigung der Arbeiten unter Pos. 1, 8 und 12 in Frage. Die anderen Arbeiten werden von Hilfskräften in der Weise erledigt, daß der Meister dabei nur eine aufsichtsführende, rat- und ausschlaggebende Stellung einnimmt.

Hieraus ist bereits zu ersehen, daß die Tätigkeit des Meisters sowohl geistiger als auch handwerksmäßiger Natur ist und daß er bei Ausübung seines Berufes ganz außerstande ist, im voraus über seine Zeit zu verfügen.

Um trotzdem eine einigermaßen bestimmte Arbeitsteilung zu erzielen, empfiehlt es sich für den Meister, morgens beim Arbeitsbeginn sich in erster Linie über den Stand der einzelnen Arbeiten bei jedem

Arbeiter zu unterrichten. Hierauf sieht er in seiner Stube die noch nicht in der Werkstatt befindlichen und neu eingegangenen Aufträge ein und bespricht mit seinen Hilfskräften die dafür zu treffenden Maßnahmen.

Ist diese Arbeit erledigt, dann beginnt seine wichtigste Funktion: die Überwachung der Fabrikation.

Die Überwachung der Fabrikation in fachmännischer Hinsicht umfaßt

    die sachgemäße Ausbildung der Lehrlinge nach genau festgelegten Lehrplänen,

    die richtige und sachgemäße Bearbeitung der Arbeitsstücke nach ebenfalls genau festgelegten, ausprobierten Arbeitsmethoden,

    die richtige Verwendung der ebenfalls zeichnerisch festgelegten Werkzeuge und Aufspannvorrichtungen,

    die ständige Belehrung und Weiterbildung der Arbeiter und

    die Abnahme der fertigen Arbeitsstücke bezüglich ihrer Richtigkeit und Güte.

Hier ist das ureigenste Arbeitsfeld des Meisters, hier kann er sich als Meister im idealsten Sinne betätigen, d. h. als bester Spezialfachmann, der schlimmstenfalls seinen Arbeitern die verlangte Arbeit praktisch vormachen muß.

Die Überwachung der Fabrikation in zeitlicher Hinsicht umfaßt die Verteilung der Arbeiten an die einzelnen Arbeiter derart, daß

    a) eine gleichmäßige, ruhige Arbeitsweise gewährleistet wird und

    b) die Liefertermine eingehalten werden;

die Beseitigung aller unverhofft auftretenden Hindernisse und die beste Ausnutzung der Werkzeugmaschinen derart, daß sie

    a) dauernd mit der geeigneten Arbeit besetzt sind und

    b) der größtmöglichsten Schnittgeschwindigkeit und dem größtmöglichsten Vorschub laufen.

Um dem Meister die Ausübung dieser Funktion in bequemer Weise und ohne daß übermäßige Anforderungen an sein Dispositionstalent, Gedächtnis und theoretisches Wissen gestellt werden, zu ermöglichen, müssen ihm alle erdenklichen Hilfsmittel zur Verfügung gestellt werden.

Die Liefertermine für die einzelnen Arbeitsstücke werden ihm täglich von seinen Hilfskräften zusammengestellt. An jeder Werkzeugmaschine müssen Leistungstabellen angebracht sein, von den der Meister sowie jeder Arbeiter bei Vornahme einer Arbeit mit Leichtigkeit die erforderlichen Schnittgeschwindigkeiten, Vorschübe und Schaltungen ablesen kann.

Die Überwachung der Fabrikation in finanzieller Hinsicht umfaßt die ständige Kontrolle der Stückpreise.

Die Meister erhalten zwar die auf die im vorigen Kapitel geschilderte Weise gefundenen Stückpreise in Form von Akkordzetteln vorgeschrieben, jedoch liegt es in der Natur der Sache, daß diese Preise niemals ganz genau der Abwickelung der Fabrikation Rechnung tragen. Die fortwährenden Verbesserungen der Werkstatteinrichtungen, Materialfehler und sonstige Schwierigkeiten, Betriebsstörungen usw. sind Faktoren, die in den Akkordpreisen, wenn sie Anspruch auf absolute Genauigkeit machen wollen, nicht inbegriffen sind. Sie sind deshalb von dem Meister von Fall zu Fall besonders zu berücksichtigen. Wenn er auch auf der einen Seite auf Verminderung der Stückpreise hinwirken muß, kann er auf der anderen Seite von den Arbeitern nicht mehr verlangen, daß sie etwaige ohne ihr Verschulden verursachte Zeitversäumnisse aus ihrer Tasche bezahlen. Weiterhin darf der Meister zu geringe Verdienste nicht mehr auf sich beruhen lassen, sondern muß gewissenhaft ihren Ursachen nachspüren und in unparteiischer Weise auf ihre Beseitigung hinwirken.

Damit ist die handwerksmäßige Tätigkeit des Meisters als Spezialfachmann beendet. Sie kann bei entsprechender Größe der Werkstatt bequem von einer Person erledigt werden, verlangt aber mit unerbittlicher Strenge die ständige Gegenwart des Meisters unter seinen Arbeitern. Ist dies der Fall, dann erledigt sich seine letzte Funktion, die Aufrechterhaltung der Ordnung und Sauberkeit fast von selbst.

Hand in Hand mit der Erledigung dieser Arbeiten geht die ratgebende Aufsicht über die Tätigkeit seiner Hilfskräfte.

Sie besteht, wie bereits erwähnt, in Besprechungen mit denselben und in der Durchsicht sämtlicher in einer Werkstatt vorkommenden schriftlichen Unterlagen, über deren Inhalt er mit seiner Unterschrift die volle Verantwortung übernimmt. Wenn ihn diese Arbeit auch täglich kurze Zeit von der Werkstatt fernhält, so darf sie doch keinesfalls als nebensächlich betrachtet werden. Das tägliche, gewissenhafte Studium all dieser Unterlagen läßt immer wieder die Abwickelung der Arbeiten in der Werkstatt vor seinem geistigen Auge vorüberziehen, so daß er schon dadurch einen genauen Überblick über den Stand der Dinge erhält.

Damit ist die Gesamttätigkeit des Meisters erledigt. Sie stellt weder an seine Arbeitskraft noch an sein Können übermäßige Ansprüche. Ist eine Werkstatt zu groß, so kann sie geteilt und jede Abteilung einem Meister unterstellt werden. Die in dem vorigen Kapitel geschilderten Grundbedingungen schaffen bei sachgemäßer Durchführung derartig viel und gut durchgearbeitete Unterlagen, daß für deren Befolgung und Vertiefung nur ein vorzüglicher Fachmann mit leichter Auffassungsgabe erforderlich ist.

Anders liegt die Sache bei den moralischen Eigenschaften des Meisters.

Auch der beste Fachmann wird in der wirtschaftlichen Leitung seiner Werkstatt Fiasko erleiden, wenn es ihm nicht gelingt, sich das Vertrauen seiner Arbeiter zu erwerben. Rücksichtsloses Auftreten auf der einen, Schwäche auf der anderen Seite, bewußtes Ausspielen der Machtstellung, Unkenntnis der seelischen Eigenschaften seiner Arbeiter, Selbstüberhebung, Günstlingswirtschaft, Lohndrückerei, der sogenannte schneidige Ton, die Duldung von Verhetzereien der Arbeiter sind zu verwerfen. Die geeignetsten Meister in dieser Hinsicht sind die ruhigen, energischen, stetigen Charaktere, die ein sich gestecktes Ziel mit eiserner Ausdauer verfolgen und bei allen Maßnahmen nie vergessen, daß sie in ihren Untergebenen nicht nur Arbeiter, sondern auch Menschen vor sich haben.

3. Der Werkstattschreiber.

In dem vorigen Kapitel wurde bereits auf die Hilfskraft hingewiesen, die dem Meister den schriftlichen Teil seiner Arbeit abnehmen soll. Wohl in fast allen Werken wird diese Hilfe in jeder Werkstatt durch den Werkstattschreiber repräsentiert. Trotzdem nicht verkannt werden soll, daß manche dieser Beamten ganz vorzüglich eingearbeitet sein mögen, so bleibt in den meisten Fällen für den Meister immer noch soviel Schreib- und Kleinarbeit übrig, daß er täglich eine erhebliche Zeit in seiner Stube festgehalten wird.

Die wissenschaftliche Betriebsführung fordert aber für den Meister eine Hilfe, die ihn vollständig entlastet.

Ihr Arbeitsbereich umfaßt demnach die auf Seite 25 und 26 unter 1—7, 8c und 9—11 aufgeführten Funktionen.

Man sieht bereits, daß ein Werkstattschreiber im allgemein üblichen Sinne ganz unmöglich diesen Anforderungen gewachsen sein kann. Dazu gehören Fachkenntnisse, die nur in jahrelanger Tätigkeit als Spezialist erworben werden können. Es ist deshalb Bedingung, diesen Beamten ebenfalls dem Handwerkerstande zu entnehmen und ihn dem Meister zu unterstellen. Die Bezeichnung »Werkstattschreiber« ist dann allerdings ganz unzutreffend. Im folgenden soll dieser Beamte, entsprechend seiner Vorbildung und Tätigkeit, mit Werkführer benannt werden. Aus dem Werkführer rekrutiert sich dann der Meister.

Die Tätigkeit des Werkführers ergibt sich nun wie folgt:

Zu 1. Sämtliche in die Werkstatt kommenden Aufträge werden von dem Werkführer in Empfang genommen, gesammelt und geordnet dem Meister vorgelegt. Besonders eilige Aufträge, vielleicht für dringende eigene Maschinenreparaturen, können vom Werkführer selbst zur

Erledigung dem Arbeiter übertragen werden, jedoch ist dem Meister umgehend davon Kenntnis zu geben.

Zu 2. Sämtliche von den anderen Werkstätten gelieferten Halbfabrikate werden von dem Werkführer abgenommen und ihre Anzahl auf dem beifolgenden Begleitzettel bescheinigt.

Zu 3. Dasselbe geschieht mit den von außerhalb bezogenen Teilen, die außerdem von dem Werkführer auf die Richtigkeit ihrer Ausführung zu untersuchen sind. Die diesen Teilen beigegebenen Begleitzettel sind die Versandanzeigen, Rechnungen oder die im Paket liegenden Paketzettel.

Zu 4. Die Ausschreibung der für die Herstellung der Arbeitsstücke erforderlichen Rohmaterialien und sonstigen Gegenstände vollzieht der Werkführer auf Material-Verlangzetteln. Als Unterlage dienen ihm dazu die Zeichnungen, Bestellzettel und die darauf vermerkten Stücklisten. In der Modelltischlerei füllt er außerdem die Rohgußbestellscheine an die Gießerei aus. Weiterhin hat der Werkführer dafür zu sorgen, daß nicht nur die vorstehend angeforderten Teile, sondern auch die Halbfabrikate und die von auswärts bezogenen Teile entweder sofort an den Platz ihrer Verwendung gebracht werden oder, falls sie auf Vorrat angeliefert sind, so gelagert werden, daß sie im Bedarfsfalle ohne Zeitverlust zu finden sind.

Zu 5. Die Ausschreibung der Betriebsmaterialien erfolgt ebenfalls auf Verlangzetteln. Zu diesem Zweck geht der Werkführer täglich zu einer bestimmten Stunde zu jedem Arbeiter und füllt in seiner Gegenwart die Verlangzettel aus. Diese Tätigkeit verlangt von ihm eine derartig genaue Kenntnis der Fabrikation, daß er imstande ist, auf einen Mindestverbrauch dieser Materialien hinzuwirken. Auch hier müssen genaue und zahlreiche Versuche vorgenommen werden, um festzustellen, wie der Mindestverbrauch an Betriebsmaterialien erzielt wird. Die auf diese Weise gefundenen Werte sind ebenfalls tabellarisch festzulegen und dauernd auf ihre Einhaltung zu kontrollieren. Um die Laufzeiten zur Herbeischaffung der Materialien möglichst gering zu halten, ist in jeder Werkstatt ein kleines Zweiglager empfehlenswert, in dem die wichtigsten und am meisten gebrauchten Materialien gelagert sind. Dieses Lager wird nur in größeren Zeitabständen ergänzt. Seine Verwaltung ist Sache des Werkführers.

Zu 6. Auf Grund der täglich eingehenden Zeichnungen und Bestellzettel, sowie auf Grund der von jedem Auftrag aufgestellten Termintabellen arbeitet der Werkführer jede Woche eine Übersicht über die täglich zu liefernden Teile aus, die er ständig ergänzt. Sämtliche ihm in dieser Hinsicht von den anderen Werkstätten zugehende Nachrichten muß er dabei in entsprechender Weise berücksichtigen. An Hand dieser Übersichten kontrolliert er dann täglich bei jedem Arbeiter den Stand der

einzelnen Arbeiten und erstattet seinem Meister darüber Bericht. Er
ist jedoch nicht berechtigt, bei Terminverzögerungen in die Abwickelung
der Fabrikation einzugreifen. Dieses Recht besitzt allein der Meister.

Zu 7. Auf Grund der auf diese Weise gewonnenen genauen Kenntnis
von dem Stand der einzelnen Arbeiten verteilt der Werkführer nach
Rücksprache mit seinem Meister die eingegangenen neuen Arbeiten an
die einzelnen Arbeiter und verfolgt deren Weitergabe innerhalb der
eigenen Werkstatt.

Zu 8 c. Die Überwachung der Fabrikation in finanzieller Hinsicht
umfaßt für den Werkführer:

a) die rechtzeitige Ausschreibung der Akkordzettel und

b) die Abrechnung mit den Arbeitern an jedem Löhnungsschluß.

Einer der wichtigsten Grundsätze der wissenschaftlichen Betriebsführung lautet:

Mit jeder Arbeit der Akkordzettel.

Der Akkordzettel ist weiter nichts als die schriftliche Mitteilung an
die Arbeiter, ganz bestimmte, scharf umrissene Arbeiten für einen ebenso
bestimmten Preis in einer bestimmten Zeit zu erledigen.

Die Aufstellung der Akkordzettel erfolgt in einem von der Werkstatt
unabhängigen Bureau (Kalkulationsbureau).

Die Tätigkeit des Werkführers beschränkt sich hierbei nur darauf,
dieses Bureau rechtzeitig darauf aufmerksam zu machen, für welche
Arbeiten die Akkordzettel demnächst gebraucht werden.

Bei jedem Löhnungsschluß sammelt der Werkführer die von den
Arbeitern gemachten Angaben (Arbeitskarten), prüft sie auf ihre Richtigkeit
und legt sie geordnet dem Meister zur Durchsicht und Unterschrift vor.

Zu 9. Sämtliche in der Werkstatt hergestellten Maschinenteile werden
vom Werkführer geprüft, gewogen und mittels Begleitzettel an die nächste
Werkstatt bzw. Versandstelle weitergegeben.

Zu 10 und 11. Außer diesen in der Hauptsache verwaltungstech-
nischen Arbeiten untersteht dem Werkführer die Verwaltung und technische Aufsicht der Werkzeugmacherei und die Aufsicht über sämtliche
Werkzeugmaschinen und sonstigen maschinellen Werkstatteinrichtungen.

Zum Schluß liegt ihm die Aufstellung aller für die Rechnungserteilung
erforderlichen Angaben ob.

Diese Ausführungen zeigen mit großer Deutlichkeit, daß auch der
Werkführer einen ganz erheblichen Teil seiner Arbeitszeit in der Werkstatt unter den Arbeitern zubringen muß, und daß durch seine Gegenwart der bisher vorhandene Werkstattschreiber keineswegs überflüssig
wird. Der Werkführer bedeutet somit eine Erhöhung der Unkosten des
Werkes. Seine richtig aufgefaßte Tätigkeit ist aber derart fruchtbringend, daß sich ein tüchtiger Beamter an dieser Stelle um ein Vielfaches
bezahlt macht.

4. Der Betriebsingenieur.

Hiermit ist die Schilderung der bei Gegenwart der wissenschaftlichen Betriebsführung zu erfüllenden Grundbedingungen bis zu der Frage gediehen: Ist dazu die Gegenwart eines Betriebsingenieurs erforderlich oder nicht und welche Tätigkeit hat dieser auszuüben?

Noch bis vor wenigen Jahren war mancher Werksleiter, besonders mittlerer und kleiner Werke, der Meinung, daß zur Aufsicht der Werkstätten kein Betriebsingenieur erforderlich ist, diese vielmehr durch das technische Bureau mit erfolgen kann. Dieser Standpunkt wurde durch die Tatsache begründet, daß es möglich ist, bei einigermaßen gleichartigen Fabrikationszweigen, ferner bei einem großen Stamm gut eingearbeiteter Facharbeiter und ebenso erstklassigen Meistern auch ohne Betriebsingenieur ein gutes finanzielles Jahresergebnis zu erzielen und Fabrikate herauszubringen, die an Güte und Billigkeit der Konkurrenz standhalten.

Gegenwärtig dürfte kaum noch ein Werksleiter an · dieser Ansicht festhalten, eine Meinungsverschiedenheit herrscht nur noch über die Tätigkeit des Betriebsingenieurs.

Dieses Thema hat in der technisch-wirtschaftlichen Literatur bis jetzt wenig Erörterung gefunden. Der Grund liegt darin, daß die Tätigkeit des Betriebsingenieurs von der jeweiligen Organisation abhängig und deshalb in fast jedem Werk eine andere ist.

In manchen Werken wird der Betriebsingenieur derart mit theoretischen Arbeiten, wie Aufstellung von Lohnvor-. und -nachkalkulationen, Materialbestellungen und -anmahnungen, Führung des Kommissionsbuches, Anfertigung von Skizzen usw. belastet, daß sein Einfluß auf die Fabrikation als solche äußerst gering ist. In anderen Werken ist er der Diktator, nach dessen alleinigen Angaben die Herstellung der Fabrikate sich abwickelt. In wieder anderen Werken ist er weiter nichts als die »treibende Kraft« bei Meistern und Arbeitern, ohne jedoch positiv in die Abwickelung der Fabrikation einzugreifen und manchmal besteht seine Tätigkeit in der Durchsicht sämtlicher schriftlichen Unterlagen und deren Beförderung vom technischen Bureau in die Werkstatt, von einer Werkstatt zur anderen, und schließlich zum technischen Bureau zurück und in einer allgemeinen Disposition in den Werkstätten.

Die wissenschaftliche Betriebsführung kennt eine derartig verschiedenartige Tätigkeit des Betriebsingenieurs nicht. Bei ihr ist der Betriebsingenieur der nach oben allein verantwortliche Leiter der Werkstätten, dessen Tätigkeit und Machtbereich durch die in den vorigen Abschnitten geschilderten Grundbedingungen scharf umrissen sind. Auf dieser Basis ist seine Tätigkeit:

1. verwaltungstechnischer,

2. fabrikatorischer und

3. sozialer Natur.

Die verwaltungstechnische Tätigkeit des Betriebsingenieurs umfaßt alle Maßnahmen, die zur Aufrechterhaltung einer möglichst gleichmäßigen Beschäftigung der einzelnen Arbeiter, zur harmonischen Zusammenarbeit der Bureaus mit den Werkstätten und der Werkstätten untereinander und zur Einhaltung möglichst kurzer Lieferzeiten getroffen werden müssen. Dazu gehört

a) die Aufstellung von Termintabellen,

b) die Verfolgung möglichst vieler Einzelteile durch alle Werkstätten,

c) die tägliche Durchsicht sämtlicher schriftlichen Unterlagen.

Mit dem Eingang eines größeren Auftrages beginnt demnach für den Betriebsingenieur eine seiner Hauptfunktionen: den ganzen Auftrag in eine genügende Anzahl Einzelobjekte zu zergliedern und für jedes dieser Einzelobjekte werkstättenweise den Liefertermin zu bestimmen. (Siehe Seite 17.)

Diese Termine sind nunmehr für die Meister verbindlich und dürfen ohne weiteres nicht überschritten werden. Diese absolute Verbindlichkeit, sowie die Schwierigkeit ihrer praktischen Bestimmung, bedingt durch die ungemein vielen und verschiedenartigsten Gesichtspunkte, die dabei zu berücksichtigen sind, setzt bei deren Aufstellung als ganz selbstverständlich die Mithilfe sämtlicher Meister voraus. Es ist für den Betriebsingenieur ganz unmöglich, den augenblicklichen Beschäftigungsgrad aller Werkstätten, die Besetzung der einzelnen Maschinen usw. so im Kopfe zu haben, daß er die Termine allein, sozusagen vom »grünen Tisch« aus festlegen kann. Er ist vielmehr gezwungen von Fall zu Fall eine »Meisterkonferenz« einzuberufen, in der alle einschlägigen Fragen besprochen werden. Da natürlich kürzeste Liefertermine festgelegt werden müssen, wird es in diesen Besprechungen manchmal zu heftigen Zusammenstößen zwischen den Meistern kommen, denn jeder beansprucht naturgemäß die meiste Zeit für sich. Sache des Betriebsingenieurs ist es, durch Überzeugung diese Differenzen zu beseitigen oder die einzuhaltenden Termine zu diktieren. Bei kleineren Aufträgen genügt eine Besprechung bei den einzelnen Meistern. An dieser Stelle soll noch erwähnt werden, daß in anderen Fragen die Meister nur in den wichtigsten Fällen zusammen zu rufen sind.

Die Verfolgung der Einzelteile durch alle Werkstätten verlangt weiterhin die Aufstellung übersichtlicher Termin-Wochenübersichten, in die die wirklichen Liefertermine täglich eingetragen sind. Das tägliche gewissenhafte Studium dieser Übersichten setzt den Betriebsingenieur ohne weiteres instand, sich bereits in seinem Arbeitszimmer einen Überblick über den Stand der Arbeiten zu verschaffen. Er tritt dann auf seinen Rundgängen gewissermaßen nicht mehr als Unwissender in die Werkstätten, der sich erst an Ort und Stelle mühselig über den Stand der Arbeiten orientieren will, sondern als Wissender, der vorher genau unterrichtet und deshalb eher imstande ist, auf etwaige Mängel in der Arbeitsverteilung aufmerksam zu machen oder unverhofft auftretende Hindernisse sachgemäß zu beseitigen. Außerdem stehen ihm bei den diesbezüglichen Besprechungen in jeder Meisterstube dieselben Wochenübersichten zur Verfügung.

Die Aufstellung und weitere Bearbeitung dieser Wochenübersichten erfolgt nicht vom Betriebsingenieur, der ebenso wie die Meister möglichst wenig mit Schreibarbeiten zu belasten ist. Für diese und viele andere schriftliche Arbeiten steht ihm eine Hilfskraft zur Verfügung, die aus dem Kalkulationsbureau hervorgegangen ist und kein Techniker zu sein braucht.

Die Verantwortlichkeit des Betriebsingenieurs für jeden Vorgang in den Werkstätten verlangt unbedingt, daß sämtliche in die Werkstätten wandernden schriftlichen und zeichnerischen Unterlagen, sowohl auf dem Hin- als auch auf dem Rückwege, durch seine Hände gehen.

Die fabrikatorische Tätigkeit des Betriebsingenieurs deckt sich mit der analogen der Meister vollständig. Auch sein Bestreben gipfelt in dem Ziel, gute und billige Erzeugnisse zu schaffen. Während die Meister diese Aufgabe mehr nach der praktischen Seite hin lösen werden, muß der Betriebsingenieur außerdem die theoretischen Gesichtspunkte genügend berücksichtigen.

Gerade in dieser Gleichartigkeit ist die Ursache so vieler persönlicher Differenzen zwischen Betriebsingenieur und Meister zu suchen. Während auf der einen Seite die Meister auf keinen Fall die allein maßgebenden Personen für die Fabrikation sein dürfen, darf auf der anderen Seite der Betriebsingenieur nicht die Machtperson herauskehren, nach deren alleinigen Angaben die Fabrikation sich abwickeln soll. Während in der einen Hinsicht sicher eine ganz einseitige Behandlung aller fabrikationstechnischen Fragen stattfindet, liegt in der anderen Hinsicht die Gefahr nahe, jede Arbeitslust bei den Meistern zu ersticken und sie somit in der vollen Entfaltung ihrer Fähigkeiten zu hindern. Man darf nie vergessen, daß, wenn auch der Betriebsingenieur die wissenschaftliche Erkenntnis der erforderlichen Arbeiten für sich hat, die Meister durch ihre jahrelange, praktische Tätigkeit als »Spezialist« die handwerksmäßige Fertigkeit voraus haben, eine Eigenschaft, die für die Überwachung und Verfeinerung der Fabrikation ebenfalls unentbehrlich ist.

Die wirkliche Lage der Dinge ist nun die:

Die in den vorigen Abschnitten geschilderte wissenschaftliche Betriebsführung schafft derartig viel und genau durchgearbeitete in jeder Hinsicht eindeutig schriftlich und zeichnerisch niedergelegte Arbeitsmethoden, daß in dieser Hinsicht die Freizügigkeit in der Leitung der Werkstätten nicht mehr groß ist. Die Meister überwachen die Arbeiter, daß diese Arbeitsmethoden ständig auch wirklich vorschriftsmäßig erledigt werden; der Betriebsingenieur überwacht die Meister, daß sie in diesem Sinne tätig sind. Beide, sowohl der Betriebsingenieur als auch die Meister, haben an ihrer Aufstellung mitgearbeitet, den vielen Versuchen oft beigewohnt oder selbst welche vorgenommen, so daß Meinungsverschiedenheiten auf diesem Gebiete kaum noch vorkommen dürfen oder, falls sie doch auftreten, auf Grund der Unterlagen sachlich beseitigt werden können.

Anders liegen die Verhältnisse bei dem Bestreben beider Teile, die Fabrikation zu verbessern. Hier ist zum Schaden des Werkes eine gewisse Rivalität an der Tagesordnung. Die Vermeidung dieses unwirtschaftlichen Zustandes ist ganz allein Sache des Betriebsingenieurs. Dieser, als Vorgesetzter und höher Gebildete, muß unter allen Umständen soviel Charakter, Seelengröße und Anstandsgefühl besitzen, daß er gute Ideen seiner Untergebenen nach oben hin nicht als seine eigenen ausgibt oder gar unterdrückt. Beide Teile, Betriebsingenieur und Meister, müssen ständig bestrebt sein, die Arbeitsweise der Werkstätten zu vervollkommnen, jedoch nicht in der Weise, daß jeder seine eigenen Wege geht, sondern daß sie gemeinsam diesem gemeinsamen Ziele zustreben. Jeder muß die Vorschläge des anderen sachlich prüfen und sich bemühen, ihre praktische Anwendung zu ermöglichen, denn gerade auf diesem Gebiete wird eine innige Verbindung von Wissenschaft und Praxis auf das Resultat von entscheidendem Einfluß sein. Der Betriebsingenieur wird die schönsten Erfolge erzielen, der in dieser Hinsicht die Meister nicht als Untergebene, sondern als Kollegen behandelt und mit ihnen in unparteiischer Weise alle Verbesserungsideen bespricht.

Eine weitere Funktion des Betriebsingenieurs ist die Verfolgung der betriebstechnischen Literatur, um brauchbare Neuerscheinungen sinngemäß in seinen Werkstätten anwenden zu können.

Die soziale Tätigkeit des Betriebsingenieurs bildet gewissermaßen den Schlußstein der wissenschaftlichen Betriebsführung. Sie zwingt ihn, der Sozialwissenschaft ein ebenso reges Interesse entgegenzubringen wie jeder anderen betriebstechnischen Frage. Tut er das nicht, dann wird es ihm auch niemals gelingen, die in den vorigen Abschnitten geschilderten Grundbedingungen in der gewünschten restlosen Weise zu schaffen, zu überwachen und weiter auszubauen.

Die ihm unterstellten Beamten und Arbeiter sind in ihren Charaktereigenschaften ganz verschieden veranlagt, so daß an persönlichen Ärgernissen, gewollten und ungewollten Ungerechtigkeiten kein Mangel ist. Wenn es sich auch um Kleinigkeiten handeln mag, so genügen ihre täglichen Wiederholungen doch, die Freude an der Arbeit zu trüben.

Außerdem gibt es in jedem Werk einige Arbeiter, die diese Vorkommnisse in bewußter Weise aufbauschen und dadurch die Unzufriedenheit unter ihren Kollegen wachhalten.

Hier ist dem Betriebsingenieur reichlich Gelegenheit geboten, an jedem einzelnen Arbeiter etwas Sozialpolitik zu treiben dadurch, daß er seiner Tätigkeit und allen damit zusammenhängenden persönlichen Fragen ein menschliches Verständnis entgegenbringt. Die Arbeiterschaft. muß das Bewußtsein haben, daß sie in ihrem Betriebsleiter einen zwar strengen, aber unbeirrt gerechten Vorgesetzten haben, dem sie nicht nur als Fachmann, sondern auch als Mensch Achtung und Vertrauen entgegenbringen.

Der Betriebsingenieur ist eben nicht, wie in Arbeiterkreisen vielfach angenommen wird, der bezahlte Beamte des Unternehmers, der nur dessen Interessen zu vertreten hat.

Er ist das Bindeglied zwischen Werksleitung und Arbeiterschaft.

Sein Ziel ist die Milderung der zwischen diesen Parteien bestehenden Gegensätze durch Erhöhung der Wirtschaftlichkeit des Werkes unter gleichzeitiger Verbesserung der Arbeitsbedingungen der Arbeiter. Er ist zwar nicht imstande, den jeweiligen Durchschnittsverdienst auf eigene Faust zu erhöhen, aber auf alle anderen Fragen kann er einen entscheidenden Einfluß ausüben. Dabei muß er sowohl gegenüber der Werksleitung als auch gegenüber der Arbeiterschaft den gleichen Mut haben, auf Mißstände hinzuweisen und auf ihre Beseitigung hinzuarbeiten.

Damit ist die Kennzeichnung der Tätigkeit des Betriebsingenieurs bis auf die Schaffung vorstehender Grundbedingungen beendet. Die Schaffung der Grundbedingungen, d. h. die Erledigung aller dazu erforderlichen Arbeiten, die Vornahme der Versuche, deren Auswertung usw. gehört nicht in das Arbeitsfeld des Betriebsingenieurs. Für diese Arbeiten ist (außer bei ganz kleinen Werken) ein oder mehrere Werkstattingenieure erforderlich. Der Betriebsingenieur besitzt dabei nur die Oberleitung. Nach seinen Angaben werden die Versuche und Beobachtungen ausgeführt und für den täglichen Gebrauch niedergelegt. Er bestimmt die Arbeiten, die in dieser Weise zu behandeln sind, das Arbeitstempo, die Größe der Ruhepausen usw.

Man sieht, daß die wirtschaftliche Tätigkeit eines Betriebsingenieurs ungemein große Anforderungen stellt. Ein tüchtiger Betriebsingenieur muß

1. sämtliche Arbeitsmethoden so sicher beherrschen, daß er ihre Handhabung in der Werkstatt in entscheidender Weise beaufsichtigen kann,

2. als Konstrukteur so sicher sein, daß er Um- oder Neubauten von Werkzeugmaschinen und sonstigen Werkstatteinrichtungen selbst ausführen oder entscheidend beeinflussen kann,

3. imstande sein, die ihm unterstellten Meister und Arbeiter so zu beschäftigen, daß ein gleichmäßiger Arbeitsfortgang gewährleistet wird,
4. ein unbeirrt gerechter Vorgesetzter sein, .
5. über soviel Ruhe und Selbstbeherrschung verfügen, daß ihn die vielen täglichen, unvermeidlichen Differenzen nicht nervös machen,
6. ein guter Rechner sein und
7. imstande sein, die Meister, Werkführer und Arbeiter für seine Ideen zu begeistern.

Damit dürfte wohl der Beweis erbracht sein, daß die Betriebswissenschaft eine Wissenschaft für sich ist, zu der ebenso jahrelange Werkstatterfahrung erforderlich ist, wie für einen tüchtigen Konstrukteur eine jahrelange Konstruktionspraxis. Aus diesem Grunde ist es höchst unwirtschaftlich, einen Konstrukteur ohne weiteres mit der Betriebsleitung eines Werkes zu betrauen, denn dieser kann bei aller Achtung vor seinen Fachkenntnissen nicht das leisten, was von einem Betriebsleiter in obigem Sinne verlangt wird. Eine zweckmäßige Vorbildung für einen Betriebsingenieur ist

1. einige Jahre Konstruktionspraxis,
2. einige Zeit Kalkulationspraxis,
3. einige Jahre Werkstattpraxis als Betriebsassistent oder Werkstattingenieur für die Ausführung von Versuchen, für die Ausarbeitung der besten Arbeitsmethoden.

Die Kontrolle der Werkstätten auf ihre Arbeitsweise.

I. Einleitung.

Die restlose Erfüllung der in der vorigen Abhandlung geschilderten Grundbedingungen beeinflußt die Herstellungsmethoden, die Abwickelung der einzelnen Arbeiten und die Zusammenarbeit der daran beteiligten Personen derart, daß bald von der Gegenwart einer wirtschaftlichen Arbeitsweise in den Werkstätten gesprochen werden kann. Welcher Werksleiter aber ist imstande, zu jedem Zeitpunkt und ohne großen Zeitaufwand festzustellen, ob in seinem Werk eine Wandlung in obigem Sinne vor sich geht, oder wieweit dieser wirtschaftliche Zustand bereits erreicht ist, an welchen Stellen noch Mängel zu beseitigen sind, usw.? Gibt es einen Maßstab, mit dem die Leistung einer Werkstatt gemessen werden kann?

Die Preise der Konkurrenz sind jedenfalls nicht maßgebend. Sind sie niedriger, können Rechenfehler, bessere Arbeiterverhältnisse, vielleicht auch eine wirtschaftlichere Arbeitsweise die Ursache sein. Sind sie höher, dann sind vielleicht die entgegengesetzten Verhältnisse die Ursache, vielleicht auch solidere Arbeit. Aus einem Vergleich mit anderen Werken ähnlicher Fabrikationszweige läßt sich eben kein Schluß auf die Leistungsfähigkeit des eigenen Werkes ziehen.

Damit bleibt nur noch die Möglichkeit, aus den Vorgängen in den eigenen Werkstätten auf deren derzeitige Leistung zu schließen.

Wann ist nun eine Werkstatt mit den zurzeit vorhandenen Maschinen, Einrichtungen und Arbeitern an der Höchstgrenze ihrer Leistung angelangt? Zur Beantwortung dieser Frage müßte man erst diesen Idealzustand zahlenmäßig bestimmen. Dann könnte man auf dieselbe Weise die wirkliche Leistung bestimmen und sagen: die Werkstatt arbeitet mit einem Nutzeffekt von x v. H.

In den Werken der Massenfabrikation, z. B. in der elektrischen Industrie, ist dies auch möglich. Nicht so in den Werken des allgemeinen Maschinenbaues, zu denen auch Eisenkonstruktionswerke, Schiffswerften und Werke der Serienherstellung gehören.

Man denke z. B. an eine Drehbank, auf der dauernd immer die-selben oder wenigstens ähnliche Arbeitsstücke derselben Größe gedreht werden. Im anderen Fall werden auf derselben Maschine Arbeitsstücke bearbeitet, die sich sowohl in der Größe als auch in der Form ständig ändern. Die Leistung an fertiger Arbeit innerhalb einer bestimmten Zeitspanne ist im zweiten Fall bedeutend niedriger wie im ersten und wird außerdem starken Schwankungen unterworfen sein. Da dieser Fall aber in den hier betrachteten Werken der gegebene ist, so läßt sich demnach auch keine Idealleistung bestimmen, an der die wirkliche Leistung gemessen werden kann.

Um trotzdem einen Anhalt zu gewinnen, bleibt nichts anderes übrig, als jeden Auftrag vor- und nachzurechnen.

Für jeden fremden Auftrag sind vor seiner Ausführung alle notwendigen Einzellöhne aufs sorgfältigste festzulegen.

Diese Einzellöhne müssen eine einer wirtschaftlichen Arbeitsweise entsprechende Höhe haben und alle Eigenarten der betreffenden Werkstatt berücksichtigen. Ihre Erstbestimmung muß deshalb in der Werkstatt erfolgen. Eine längere Betätigung in dieser Richtung schafft allerdings bald soviel zuverlässige Unterlagen, daß eine Mitwirkung der Werkstatt nur in Ausnahmefällen notwendig ist.

Jeder fremde Auftrag ist nach seiner Fertigstellung wiederum in seinen Einzellöhnen nachzurechnen.

Stimmen diese mit den vorausbestimmten überein, dann müssen die Werkstätten in der gewünschten Weise gearbeitet haben.

In derselben Weise ist mit dem Material zu verfahren.

Diese Auftragsübersichten sind, mit den erforderlichen Bemerkungen versehen, den Werksleitern und Betriebsingenieuren vorzulegen. Diese ersehen daraus, wie die Werkstätten bei Erledigung der einzelnen Aufträge gearbeitet haben, sie sind aber noch nicht in der Lage, aus diesen Zahlen auf die Leistungsfähigkeit der Werkstätten zu schließen.

Der Grund liegt darin, daß immer mehrere Aufträge nebeneinander laufen, nicht aber zur gleichen Zeit fertig werden, sich gegenseitig in den Werkstätten beeinflussen und schließlich erst eine geraume Zeit nach ihrer Fertigstellung abgerechnet werden.

Etwaige Fortschritte in der Arbeitsweise einer Werkstatt äußern sich in der Steigerung der fertigen Arbeitsmenge in der Zeiteinheit; die Einzellöhne können deshalb dieselben bleiben, eine Steigerung tritt dann nur in den Verdiensten der Arbeiter ein. Diese Vorgänge und noch viele andere machen sich in den Auftragsübersichten nicht bemerkbar.

Vor allen Dingen fehlt in den Auftragsübersichten ein Hauptfaktor: die Unkosten.

Bei jedem erledigten Auftrag unterscheidet man

1. produktive Löhne,
2.   »   Materialien und sonsige Ausgaben $\Big\}$ = Selbstkosten.
3. Unkosten

Stellt man diese Größen in bestimmten Zeitabschnitten werkstättenweise in ihrer Gesamtheit fest, dann geben diese Zahlen in Verbindung mit den Auftragsübersichten Aufschluß über jeden Fort- und Rückschritt in der Arbeitsweise der einzelnen Abteilungen, ihre derzeitige Leistungsfähigkeit, und ermöglichen weiterhin, jede Erscheinung bis auf ihren Ursprung hin zu verfolgen.

Über die sachgemäße Auf- und Zusammenstellung der unter 1. und 2. genannten Größen liegt bereits eine derartig zahlreiche und vorzügliche Literatur vor, daß es sich erübrigt, hier näher darauf einzugehen. Auch über die unter 3. genannten Unkosten ist bereits viel geschrieben worden. Wenn trotzdem die Meinungen über die vielen vorgeschlagenen Methoden noch auseinander gehen, so liegt dies daran, daß keine derselben allen Anforderungen an Einfachheit, Eindeutigkeit, Sachlichkeit und Gerechtigkeit Genüge leistet.

Bei den vielen und überaus verschiedenen Gesichtspunkten, die auf diesem Gebiete zu berücksichtigen sind, ist es auch ganz unmöglich ein derartiges System zu finden.

Man muß sich im Interesse der Einfachheit und Übersichtlichkeit besonders bei der Verteilung der Unkosten zu Annahmen verstehen, die einer sachlichen Kritik nicht standhalten.

Im nachfolgenden soll eine Unkostenmethode entwickelt werden, die zwar dieselben Schwächen an sich hat, aber doch durch Berücksichtigung einiger neuer Gesichtspunkte bestrebt ist, sie auf ein Mindestmaß zu verringern.

Unter den Unkosten eines Werkes versteht man die Aufwendungen, die zur Aufrechterhaltung eines Betriebes gemacht werden müssen.

Bei ihrer Verbuchung unterscheidet man zwei Hauptgruppen:
Die Betriebsunkosten und
die Handlungsunkosten.

II. Die Aufstellung der Unkosten.

1. Die Betriebsunkosten.

Die Betriebsunkosten werden aufgewendet zur Aufrechterhaltung des Betriebes in den Werkstätten. Sie setzen sich zusammen aus Löhnen, Materialien und sonstigen Unkosten, die in üblicher Weise auf feststehende Abteilungsnummern verbucht werden. Sonstige Unkosten sind Revisionen der Dampfkessel, Fahrstühle, elektrischen Anlage durch die Behörden, Rechnungsbeträge fremder Firmen für ausgeführte Reparaturarbeiten usw.

Die Aufstellung der Betriebsunkosten erfolgt abteilungsweise derart, daß jeder aufgewendete Betrag auf die Abteilung verbucht wird, die dessen Entstehung verursacht hat.

Im vorliegenden Fall sollen folgende Abteilungen vorhanden sein:

Produktive Abteilungen.

Abteilungs-Nr. 1. Tischlerei.
» » 2. Graugießerei.
» » 3. Putzerei.
» » 4. Metallgießerei.
» » 5. Hammerschmiede.
» » 6. Kesselschmiede.
» » 7. Bearbeitungs-Werkstatt.
» » 8. Zusammenbau- »

Unproduktive Abteilungen.

Abteilungs-Nr. 9. Werkzeugmacherei.
» » 10. Kraft- und Pumpanlage.
» » 11. Verwaltungsgebäude.
» » 12. Fabrikplatz.
» » 13. Hauptlager.
» » 14. Stabeisen- und Blechlager.
» » 15. Roheisen-Lager.
» » 16. Holz- »
» » 17. Kohlen- »
» » 18. Guß- »
» » 19. Fertig- »
» » 20. Versandstelle.

Außerdem erfolgt eine weitere Unterteilung der Betriebsunkosten nach ihrer Wesensart und unterscheidet dabei:

die Erhaltung der Anlage,
die Unkosten-Löhne,
den allgemeinen Materialverbrauch, und
den Kohlen-, Koks- und Holzkohlenverbrauch.

Unter der Erhaltung der Anlage werden die Arbeiten verstanden, die ausgeführt werden müssen, um das ganze Werk mit allen Maschinen und Einrichtungen in betriebsfertigem Zustande zu erhalten.

Es handelt sich also hierbei nur um Reparaturarbeiten, die sich aus Löhnen, Materialien und sonstigen Unkosten zusammensetzen. Zu ihrer übersichtlichen Verbuchung bedient man sich noch sogenannter

Auftragsnummern, die in Gemeinschaft mit den Abteilungsnummern jede Arbeit in eindeutiger Weise nach Ort und Zweck bestimmt. Um sie außerdem als Reparaturarbeit auch äußerlich zu kennzeichnen, setzt man vor die Nummern den Buchstaben E. Siehe Tabelle 1.

Es bedeutet also:

E. 6151: Reparaturen an den Gebäuden der Kesselschmiede,
E. 13151:   »   »   »   »   des Hauptlagers,
E. 2154:   »   »   » Wasserleitungen der Graugießerei,
E. 12154:   »   »   » Wasserleitungen, die auf den Hof verlegt sind.

Unter den Unkostenlöhnen werden die Löhne verstanden,

Erhaltung der Anlage f►

Auftragsnummer	Abteilungen	Tischlerei	Graugießerei	Putzerei	Metallgießerei	Hammer-schmiede	Kessel-schmiede	Bearbeitungs-
	Abteilungsnummer	1	2	3	4	5	6	7
101	Werkzeugmaschinen	11 34	—	27 14	—	—	—	219
102	Antriebsmotore dazu	—	—	—	—	—	—	80
103	Transmissionen mit Treibriemen . . .	19 17	21 54	7 54	—	—	57 98	351.
104	Werkzeuge	39 11	275 16	68 70	27 40	131 12	354 20	784
105	Formmaschinen	—	26 30	—	—	—	—	—
106	Dampfhämmer	—	—	—	—	76 76	—	—
107	Dampfleitungen dazu	—	—	—	—	34 09	—	—
108	Hydraulische Pumpe mit Sammler . .	—	—	—	—	—	—	—
109	Antriebsmotore dazu	—	—	—	—	—	—	—
110	Druckwasserleitungen	—	—	—	—	—	89 12	—
111	Hydraulische Werkzeugmaschinen . .	—	—	—	—	—	123 18	—
112	Werkzeuge dazu	—	—	—	—	—	198 15	—
113	Kompressor mit Sammler	—	18 50	—	—	—	14 66	—
114	Antriebsmotor dazu	—	—	—	—	—	—	—
115	Preßluftleitungen	—	10 09	14 04	—	—	93 81	—
116	Preßluft-Werkzeugmaschinen	—	69 80	—	—	—	70 64	—
117	Elektrische Werkzeugmaschinen . . .	—	—	—	—	—	23 78	—
118	Werkzeuge zu 116 und 117	—	—	—	—	—	169 20	—
119	Autogener Schweißapparat	—	—	—	—	—	24 11	—
120	» Schneideapparat	—	—	—	—	—	63 89	—
121	Elektrische Leitungen	—	—	—	—	—	—	—
	Summe	69 62	421 39	117 42	27 40	241 97	1282 72	1435

die weder produktiver Natur sind, noch für die Erhaltung der Anlage aufgewendet wurden.

Für ihre Verbuchung gelten dieselben Auftragsnummern, wie für die Erhaltung der Anlage, nur daß hier der Buchstabe U vorgesetzt wird.

Es bedeutet also:

U. 8104: Werkzeugausgabe in der Zusammenbauwerkstatt,

U. 1121: Bestecken und reinigen der elektrischen Lampen in der Tischlerei,

U. 5106: Hammerführer in der Hammerschmiede,

U. 5154: Transportarbeiten in der Hammerschmiede.

den Monat: Oktober 1913. Tabelle 1.

Zusammenbauwerkstatt	Werkzeugmacherei	Kraftanlage Pumpanlage	Verwaltungsgebäude	Hof	Hauptlager	Stabeisenlager, Blechlager	Roheisenlager	Holzlager	Kohlenlager	Gußlager	Fertiglager	Versandstelle	Summe
8	9	10	11	12	13	14	15	16	17	18	19	20	
					I.								
—	38 15	—	—	—	—	21 85	—	—	—	—	—	—	317 53
—	—	—	—	—	—	—	—	—	—	—	—	—	80 00
—	16 94	—	—	—	—	—	—	—	—	—	—	—	474 59
604 72	—	—	—	—	—	—	—	—	—	—	—	21 54	2306 82
—	—	—	—	—	—	—	—	—	—	—	—	—	26 30
—	—	—	—	—	—	—	—	—	—	—	—	—	76 76
—	—	—	—	—	—	—	—	—	—	—	—	—	34 09
—	—	—	—	—	—	—	—	—	—	—	—	—	—
—	—	—	—	—	—	—	—	—	—	—	—	—	—
—	—	—	—	—	—	—	—	—	—	—	—	—	89 12
—	—	—	—	—	—	—	—	—	—	—	—	—	123 18
—	—	—	—	—	—	—	—	—	—	—	—	—	198 15
—	—	—	—	—	—	—	—	—	—	—	—	—	33 16
—	—	—	—	—	—	—	—	—	—	—	—	—	—
—	—	—	—	—	—	—	—	—	—	—	—	—	117 94
—	—	—	—	—	—	—	—	—	—	—	—	—	140 44
174 28	—	—	—	—	—	—	—	—	—	—	—	—	198 06
—	—	—	—	—	—	—	—	—	—	—	—	—	169 20
—	—	—	—	—	—	—	—	—	—	—	—	—	24 11
—	—	—	—	—	—	—	—	—	—	—	—	—	63 89
—	—	—	—	—	—	—	—	—	—	—	—	—	—
779 00	55 09	—	—	—	—	21 85	—	—	—	—	—	21 54	4473 34

Auftragsnummer	Abteilungen	Tischlerei	Graugießerei	Putzerei	Metallgießerei	Hammer-schmiede	Kessel-schmiede	Bearbeitungs-werkstatt
	Abteilungsnummer	1	2	3	4	5	6	7
151	Gebäude	1 72	—	25 78	—	—	38 11	114 2?
152	Inventar	42 65	49 10	—	4 36	41 08	162 09	265 3?
153	Heizungsleitungen	10 49	—	—	—	—	—	—
154	Wasserleitungen	—	6 10	—	—	—	—	—
155	Abwässerleitungen	—	—	—	—	—	—	—
156	Wasch- und Abortanlagen	—	—	—	—	—	—	11 24
157	Pflaster	÷	—	7 84	—	—	—	171 86
158	Gleise, Drehscheiben	—	—	—	—	—	7 19	26 24
159	Telephon-Anlage	—	—	—	—	—	—	—
160	Späneabsaugung	12 09	—	—	—	—	—	—
161	Trockenkammern	—	54 68	—	—	—	—	—
162	Kräne und Hebezeuge	—	188 72	—	—	—	78 16	98 22
163	Antriebsmotore dazu	—	—	—	—	—	—	—
164	Schmelzöfen	—	412 20	—	98 16	—	—	—
165	Gebläse mit Leitungen	—	—	—	—	—	—	—
166	Lehm- und Sandmühle	—	7 16	—	—	—	—	—
167	Schmiedefeuer	—	—	—	—	140 09	69 28	—
168	Nietfeuer	—	—	—	—	—	27 55	—
169	Härte-, Heizöfen	—	—	—	—	—	—	—
170	Einsatzofen	—	—	—	—	—	—	—
171	Ventilatoren	—	—	—	—	—	—	—
172	Antriebsmotore dazu	—	—	—	—	—	—	—
173	Windleitungen	—	—	—	—	—	—	—
174	Fallwerk	—	32 34	—	—	—	—	—
175	Umfassungsmauern	—	—	—	—	—	—	—
176	Kesselanlage mit Speiseleitungen . . .	—	—	—	—	—	—	—
177	Speisepumpen	—	—	—	—	—	—	—
178	Überhitzer	—	—	—	—	—	—	—
179	Economiser	—	—	—	—	—	—	—
180	Wasserreinigung für den Kessel . . .	—	—	—	—	—	—	—
181	Dampfleitungen zu den Maschinen . .	—	—	—	—	—	—	—
182	Dampfmaschinen	—	—	—	—	—	—	—
183	Pumpmaschinen	—	—	—	—	—	—	—
184	Antriebsmotore dazu	—	—	—	—	—	—	—
185	Trinkwasserreinigung	—	—	—	—	—	—	—
186	Hochbehälter	—	—	—	—	—	—	—
187	Ölreinigungsanlage	—	—	—	—	—	—	—
188	Dynamomaschinen	—	—	—	—	—	—	—
189	Schaltbrett	—	—	—	—	—	—	—
190	Akkumulatorenbatterie	—	—	—	—	—	—	—
	Summe	66 95	750 30	33 62	102 52	181 17	382 38	687 14

Werkstatt	Werkzeug-macherei	Kraftanlage Pumpanlage	Verwaltungs-gebäude	Hof	Hauptlager	Stabeisenlager, Blechlager	Roheisenlager	Holzlager	Kohlenlager	Gußlager	Fertiglager	Versandstelle	Summe
8	9	10	11	12	13	14	15	16	17	18	19	20	
			II.										
01	—	38 16	—	—	31 44	—	—	—	—	—	—	—	317 44
05	35 91	71 44	143 54	16 19	55 76	43 17	—	—	—	—	39 18	—	1170 88
14	—	—	36 09	—	—	—	—	—	—	—	—	—	105 72
28	—	—	21 54	—	—	—	—	—	—	—	—	—	88 92
	—	—	—	29 98	—	—	—	—	—	—	—	—	29 98
	—	—	—	—	—	—	—	—	—	—	—	—	11 24
54	—	—	—	61 66	—	—	—	—	—	—	—	—	311 90
	—	—	—	—	—	—	—	—	—	—	—	—	33 43
	—	—	—	—	—	—	—	—	—	—	—	—	—
	—	—	—	—	—	—	—	—	—	—	—	—	12 09
	—	—	—	—	—	—	—	—	—	—	—	—	54 68
14	—	—	—	—	—	—	—	—	—	—	—	—	536 24
	—	—	—	—	—	—	—	—	—	—	—	—	—
	—	—	—	—	—	—	—	—	—	—	—	—	510 36
	—	—	—	—	—	—	—	—	—	—	—	—	—
	—	—	—	—	—	—	—	—	—	—	—	—	7 16
	—	—	—	—	—	—	—	—	—	—	—	—	209 37
	—	—	—	—	—	—	—	—	—	—	—	—	27 55
	68 76	—	—	—	—	—	—	—	—	—	—	—	68 76
	89 35	—	—	—	—	—	—	—	—	—	—	—	89 35
	—	—	—	—	—	—	—	—	—	—	—	—	—
	—	—	—	—	—	—	—	—	—	—	—	—	—
	—	—	—	—	—	—	—	—	—	—	—	—	32 34
	—	—	—	84 17	—	—	—	—	—	—	—	—	84 17
	—	142 12	—	—	—	—	—	—	—	—	—	—	—
	—	6 50	—	—	—	—	—	—	—	—	—	—	—
	—	—	—	—	—	—	—	—	—	—	—	—	—
	—	—	—	—	—	—	—	—	—	—	—	—	—
	—	61 20	—	—	—	—	—	—	—	—	—	—	61 20
	—	9 04	—	—	—	—	—	—	—	—	—	—	9 04
	—	28 17	—	—	—	—	—	—	—	—	—	—	28 17
	—	—	—	—	—	—	—	—	—	—	—	—	—
	—	—	—	—	—	—	—	—	—	—	—	—	—
	—	—	—	—	—	—	—	—	—	—	—	—	—
	—	—	—	—	—	—	—	—	—	—	—	—	—
	—	178 80	—	—	—	—	—	—	—	—	—	—	178 80
16	194 02	535 45	201 17	192 00	87 20	43 17	—	—	—	—	39 18	—	4127 41

Siehe Tabelle 2.

Der allgemeine Materialverbrauch umfaßt die Materialien, die verbraucht werden, um ein an und für sich tadellos erhaltenes, fehlerfreies Werk im Betrieb zu erhalten.

Auch hier gelten dieselben Auftragsnummern, wie bei der Erhaltung der Anlage, nur daß der Buchstabe V vorgesetzt wird. Auf diese Weise ist man leicht in der Lage, für ein bestimmtes Material den Ort seiner Verwendung genau zu bestimmen. So bedeutet z. B. für Schmieröl

> die Nr. V. 10182: Dampfmaschinen in der Kraftanlage,
> » » V. 6113: Luftkompressor » » Kesselschmiede,
> » » V. 6103: Transmissionen » » »
> » » V. 6101: Werkzeugmaschinen in der Kesselschmiede

als Verwendungsort.

Unkostenlöhne für

Auftragsnummer	Abteilungen	Tischlerei	Graugießerei	Putzerei	Metallgießerei	Hammer-schmiede	Kessel-schmiede	Bearbeitungs-werkstatt
	Abteilungsnummer	1	2	3	4	5	6	7
101	Werkzeugmaschinen	—	—	—	—	—	—	—
102	Antriebsmotore dazu	0 80	1 50	—	1 20	—	1 75	4 12
103	Transmissionen mit Treibriemen . . .	2 98	3 54	—	—	—	9 15	24 11
104	Werkzeug-Ausgabe	21 04	—	—	—	—	70 20	56 19
105	Formmaschinen	—	—	—	—	—	—	—
106	Dampfhämmer	—	—	—	—	271 25	—	—
107	Dampfleitungen dazu	—	—	—	—	—	—	—
108	Hydraulische Pumpe mit Sammler . .	—	—	—	—	—	21 14	—
109	Antriebsmotore dazu	—	—	—	—	—	0 90	—
110	Druckwasserleitungen	—	—	—	—	—	—	—
111	Hydraulische Werkzeugmaschinen . .	—	—	—	—	—	—	—
112	Lehrlings-Zuschüsse	—	51 98	—	—	—	39 12	33 56
113	Kompressor mit Sammler	—	40 24	39 78	—	—	115 11	—
114	Antriebsmotore dazu	—	0 75	0 75	—	—	0 60	—
115	Preßluftleitungen	—	—	—	—	—	—	—
116	Preßluftwerkzeugmaschinen	—	—	—	—	—	—	—
117	Elektrische Werkzeugmaschinen . . .	—	—	—	—	—	—	—
118	Werkzeuge zu 116 und 117	—	—	—	—	—	—	—
119	Autogener Schweißapparat.	—	—	—	—	—	39 71	—
120	Autogener Schneideapparat	—	—	—	—	—	—	—
121	Elektrische Leitungen	4 11	5 39	6 17	3 19	5 34	6 33	7 16
	Summe	28 93	103 40	46 70	4 39	276 59	304 01	125 14

Die tabellarische Aufstellung allerdings erfolgt nur abteilungsweise geordnet nach den einzelnen Materialien. Siehe Tabelle 3.

Für den Kohlen-, Koks- und Holzkohlenverbrauch gelten wiederum dieselben Auftragsnummern, nur mit Voranstellung des Buchstabens K. Von einer tabellarischen Aufstellung ist hierbei Abstand genommen, vielmehr genügt ein Auszug, der jedesmal vom Verwalter des Kohlenlagers aufgestellt wird.

Die monatlichen Betriebsunkosten-Übersichten (Tabelle 1—3) gewähren bereits einen recht tiefen Einblick in den inneren Aufbau der einzelnen Abteilungen. Sie zeigen die Stellen, wo die größten Aufwendungen, und die, wo die kleinsten gemacht werden. Die einzelnen Beträge lassen einen großen Teil der aus der Fabrikation sich ergebenden

den Monat: Oktober 1913. **Tabelle 2.**

Zusammenbau-werkstatt	Werkzeug-macherei	Kraft- und Pumpanlage	Verwaltungs-gebäude	Fabrikplatz	Hauptlager	Stabeisenlager, Blechlager	Roheisenlager	Holzlager	Kohlenlager	Gußlager	Fertiglager	Versandstelle	Summe
8	9	10	11	12	13	14	15	16	17	18	19	20	
I.													
—	—	—	—	—	—	—	—	—	—	—	—	—	—
—	—	—	—	—	—	—	—	—	—	—	—	—	9 37
—	—	—	—	—	—	—	—	—	—	—	—	—	39 78
76 25	178 19	—	—	—	—	—	—	—	—	—	—	—	401 87
—	—	—	—	—	—	—	—	—	—	—	—	—	—
—	—	—	—	—	—	—	—	—	—	—	—	—	271 25
—	—	—	—	—	—	—	—	—	—	—	—	—	—
—	—	—	—	—	—	—	—	—	—	—	—	—	21 14
—	—	—	—	—	—	—	—	—	—	—	—	—	0 90
—	—	—	—	—	—	—	—	—	—	—	—	—	—
—	—	—	—	—	—	—	—	—	—	—	—	—	—
62 45	—	—	—	—	—	—	—	—	—	—	—	—	187 11
—	—	—	—	—	—	—	—	—	—	—	—	—	195 13
—	—	—	—	—	—	—	—	—	—	—	—	—	2 10
—	—	—	—	—	—	—	—	—	—	—	—	—	—
—	—	—	—	—	—	—	—	—	—	—	—	—	—
—	—	—	—	—	—	—	—	—	—	—	—	—	—
—	—	—	—	—	—	—	—	—	—	—	—	—	—
—	—	—	—	—	—	—	—	—	—	—	—	—	39 71
—	—	—	—	—	—	—	—	—	—	—	—	—	—
5 40	2 11	—	—	6 17	5 09	3 15	—	—	—	—	2 17	1 61	63 39
144 10	180 30	—	—	6 17	5 09	3 15	—	—	—	—	2 17	1 61	1231 75

Auftragsnummer	Abteilungen	Tischlerei	Graugießerei	Putzerei	Metallgießerei	Hammer-schmiede	Kessel-schmiede	Bearbeitungs-werkstatt
	Abteilungsnummer	1	2	3	4	5	6	7
151	Gebäude	1 33	—	—	—	0 90	—	6 17
152	Modellverwaltung	176 49	—	—	—	—	—	—
153	Abwiegen der fertigen Arbeit	—	—	101 84	—	89 94	32 10	76 19
154	Transportarbeiten	62 12	531 74	247 19	98 14	217 39	341 65	386 15
155	Kanalisation	—	—	—	—	—	—	—
156	Wasch- und Abortanlagen	30 19	76 34	—	—	19 98	19 74	24 98
157	Pflaster	9 14	—	27 28	17 12	46 39	56 19	76 03
158	Gleise, Drehscheiben	—	—	—	—	—	—	—
159	Telephon-Anlage	—	—	—	—	—	—	—
160	Späneabsaugung	—	—	—	—	—	—	—
161	Trockenkammer	—	104 18	—	—	—	—	—
162	Kräne und Hebezeuge	—	126 17	—	—	—	110 49	91 76
163	Antriebsmotore dazu	—	0 80	—	—	—	0 90	1 12
164	Schmelzöfen	—	694 18	—	68 79	—	—	—
165	Gebläse und Leitungen	—	60 39	—	—	—	—	—
166	Lehm- und Sandmühlen	—	84 62	—	—	—	—	—
167	Schmiedefeuer	—	—	—	—	—	—	—
168	Nietfeuer	—	—	—	—	—	—	—
169	Härteöfen	—	—	—	—	—	—	—
170	Einsatzofen	—	—	—	—	—	—	—
171	Ventilatoren	—	—	—	—	—	—	—
172	Antriebsmotore dazu	—	—	—	—	—	—	—
173	Windleitungen	—	—	—	—	—	—	—
174	Fallwerk	—	—	—	—	—	—	—
175	Pförtner, Wächter	—	—	—	—	—	—	—
176	Kesselanlage mit Speiseleitungen . .	—	—	—	—	—	—	—
177	Speisepumpen	—	—	—	—	—	—	—
178	Überhitzer	—	—	—	—	—	—	—
179	Economiser	—	—	—	—	—	—	—
180	Wasserreinigung für die Kessel . . .	—	—	—	—	—	—	—
181	Dampfleitungen zu den Maschinen .	—	—	—	—	—	—	—
182	Dampfmaschinen	—	—	—	—	—	—	—
183	Pumpmaschinen	—	—	—	—	—	—	—
184	Antriebsmotore dazu	—	—	—	—	—	—	—
185	Trinkwasserreinigung	—	—	—	—	—	—	—
186	Hochbehälter	—	—	—	—	—	—	—
187	Ölreinigungsanlage	—	—	—	—	—	—	—
188	Dynamomaschinen	—	—	—	—	—	—	—
189	Schaltbrett	—	—	—	—	—	—	—
190	Akkumulatorenbatterie	—	—	—	—	—	—	—
	Summe	279 27	1678 42	376 31	184 05	374 60	561 07	662 40

Zusammenbau-werkstatt	Werkzeug-macherei	Kraft- und Pumpanlage	Verwaltungs-gebäude	Fabrikplatz	Hauptlager	Stabeisenlager, Blechlager	Roheisenlager	Holzlager	Kohlenlager	Gußlager	Fertiglager	Versandstelle	Summe
8	9	10	11	12	13	14	15	16	17	18	19	20	
						II.							
—	—	4 17	—	—	—	—	—	—	—	—	—	—	12 57
—	—	—	—	—	—	—	—	—	—	—	—	—	176 49
89 64	—	—	—	—	—	—	—	—	—	—	—	—	389 71
359 19	79 78	—	98 17	139 04	490 17	469 73	—	—	—	—	164 11	109 08	3795 65
—	—	—	—	—	—	—	—	—	—	—	—	—	—
11 12	—	—	—	—	—	—	—	—	—	—	—	—	182 35
60 33	64 65	21 17	64 33	91 16	41 44	—	—	—	—	—	21 46	28 28	624 97
—	—	—	—	—	—	—	—	—	—	—	—	—	—
—	—	—	—	—	—	—	—	—	—	—	—	—	—
—	—	—	—	—	—	—	—	—	—	—	—	—	104 18
70 17	—	—	—	—	—	—	—	—	—	—	—	—	398 59
0 75	—	—	—	—	—	—	—	—	—	—	—	—	3 57
—	—	—	—	—	—	—	—	—	—	—	—	—	762 97
—	—	—	—	—	—	—	—	—	—	—	—	—	60 39
—	—	—	—	—	—	—	—	—	—	—	—	—	84 62
—	—	—	—	—	—	—	—	—	—	—	—	—	—
—	39 24	—	—	—	—	—	—	—	—	—	—	—	39 24
—	81 33	—	—	—	—	—	—	—	—	—	—	—	81 33
—	—	—	—	—	—	—	—	—	—	—	—	—	—
—	—	—	—	—	—	—	—	—	—	—	—	—	—
—	—	—	—	—	—	—	49 15	—	—	—	—	—	49 15
—	—	—	—	276 39	—	—	—	—	—	—	—	—	276 39
—	—	261 54	—	—	—	—	—	—	—	—	—	—	261 54
—	—	—	—	—	—	—	—	—	—	—	—	—	—
—	—	—	—	—	—	—	—	—	—	—	—	—	—
—	—	100 04	—	—	—	—	—	—	—	—	—	—	100 04
—	—	—	—	—	—	—	—	—	—	—	—	—	—
—	—	151 76	—	—	—	—	—	—	—	—	—	—	151 76
—	—	43 09	—	—	—	—	—	—	—	—	—	—	43 09
—	—	1 14	—	—	—	—	—	—	—	—	—	—	1 14
—	—	—	—	—	—	—	—	—	—	—	—	—	—
—	—	—	—	—	—	—	—	—	—	—	—	—	—
—	—	—	—	—	—	—	—	—	—	—	—	—	—
591 20	265 00	582 91	162 50	506 59	531 61	469 73	49 15	—	—	—	185 57	137 36	7597 74

Allgemeiner Materialverbrauch

Abteilungen	Tischlerei	Graugießerei	Putzerei	Metallgießerei	Hammer-schmiede	Kesselschmiede	Bearbeitungs-werkstatt
Abteilungsnummer	1	2	3	4	5	6	7
Schmiermittel	36 40	—	—	—	49 13	50 26	133 17
Seife	2 90	28 28	14 07	8 06	2 76	18 45	34 77
Kühlmittel	—	—	—	—	—	34 65	115 15
Werkzeuge (von auswärts bezogen)	—	74 80	—	7 55	—	72 58	89 89
Tischlermaterial	17 91	—	—	—	—	—	—
Heftschrauben	—	—	—	—	—	80 54	—
Sauerstoff für Schweißapparat	—	—	—	—	—	111 76	—
Karbid für Schweißapparat	—	—	—	—	—	201 24	—
Schweißstäbe	—	—	—	—	—	49 11	—
Sauerstoff für Schneideapparat	—	—	—	—	—	74 19	—
Wasserstoff für Schneideapparat	—	—	—	—	—	89 27	—
Elektrische Sicherungen	6 15	1 60	1 11	—	2 54	3 12	14 77
Elektrische Glühbirnen	23 40	48 25	8 17	6 13	5 09	6 91	56 88
Kohlenstifte	2 04	3 17	3 07	—	6 40	3 22	24 13
Material für Lohn-Kontrolle	7 66	12 16	4 71	2 15	11 06	12 84	26 19
Material für Material-Kontrolle	2 05	12 58	3 74	4 34	4 95	8 23	17 84
Farben, Lacke, Spachtel, Leim	47 62	—	—	—	—	2 71	—
Form-, Mauer-, Schweiß- u. Filtersand	—	21 19	48 98	9 17	—	—	—
Formlehm	—	11 87	—	—	—	—	—
Dung	—	40 36	—	—	—	—	—
Formerstifte, Kernstützen usw.	—	58 24	—	16 81	—	—	—
Wachsschnur, Bindedraht	—	21 60	—	2 11	—	—	—
Holzwolle	—	98 70	—	24 17	—	—	—
Graphit	—	41 38	—	21 09	—	—	—
Holzkohlen-, Steinkohlenstaub	—	8 30	—	—	—	—	—
Petroleum	—	19 30	—	6 04	1 70	5 66	19 81
Benzin, Benzol	1 92	4 71	—	1 62	—	43 71	12 74
Lötmaterial	1 64	—	—	—	—	4 12	—
Säuren	—	—	—	—	—	—	—
Soda	—	—	—	—	—	27 72	—
Destilliertes Wasser	—	—	—	—	—	—	—
Putzmaterial	12 44	24 78	33 27	8 19	14 15	23 95	23 44
Diverses	3 88	3 04	6 15	1 72	5 76	11 12	7 56
Summe	166 01	534 31	123 27	119 15	103 54	935 36	576 34

Vorgänge sichtbar werden, aber einen Rückschluß auf die mehr oder weniger wirtschaftliche Abwickelung dieser Vorgänge, oder gar auf die Leistungsfähigkeit der einzelnen Abteilungen lassen sie nicht zu. Es für den Monat: Oktober 1913. Tabelle 3.

Zusammenbauwerkstatt	Werkzeugmacherei	Kraft- und Pumpanlage	Verwaltungsgebäude	Fabrikplatz	Hauptlager	Stabeisenlager, Blechlager	Roheisenlager	Holzlager	Kohlenlager	Gußlager	Fertiglager	Versandstelle	Summe
8	9	10	11	12	13	14	15	16	17	18	19	20	
21 14	89 64	75 00	—	—	—	6 88	—	—	—	—	1 98	—	463 60
8 09	39 95	5 19	27 54	12 11	5 12	2 53	—	—	—	—	2 51	—	212 33
14 33	—	—	—	—	—	—	—	—	—	—	—	—	164 13
47 19	38 72	—	—	—	—	—	—	—	—	—	—	5 00	335 73
—	—	—	—	3 21	—	—	—	—	—	—	—	19 34	40 46
—	—	—	—	—	—	—	—	—	—	—	—	—	80 54
—	—	—	—	—	—	—	—	—	—	—	—	—	111 76
—	—	—	—	—	—	—	—	—	—	—	—	—	201 24
—	—	—	—	—	—	—	—	—	—	—	—	—	49 11
—	—	—	—	—	—	—	—	—	—	—	—	—	74 19
—	—	—	—	—	—	—	—	—	—	—	—	—	89 27
1 89	—	—	—	—	—	—	—	—	—	—	—	—	31 18
9 33	6 50	6 50	7 15	—	5 09	—	—	—	—	—	—	—	189 40
7 86	—	7 09	—	6 64	2 64	3 60	—	—	—	—	1 98	3 71	75 55
24 50	5 11	—	—	8 19	2 50	—	—	—	—	—	—	2 54	119 61
22 60	3 70	—	—	6 91	1 75	—	—	—	—	—	—	3 06	91 75
4 40	—	—	—	2 64	—	1 71	—	—	—	—	—	10 49	69 57
—	—	—	—	—	—	—	—	—	—	—	—	—	79 34
—	—	—	—	—	—	—	—	—	—	—	—	—	11 87
—	—	—	—	—	—	—	—	—	—	—	—	—	40 36
—	—	—	—	—	—	—	—	—	—	—	—	—	75 05
—	—	—	—	—	—	—	—	—	—	—	—	—	23 71
—	—	—	—	—	—	—	—	—	—	—	—	14 31	137 18
—	—	—	—	—	—	—	—	—	—	—	—	—	62 47
—	—	—	—	—	—	—	—	—	—	—	—	—	8 30
7 50	17 54	—	—	—	0 80	—	—	—	—	—	—	1 74	80 09
18 45	6 95	—	—	—	0 72	—	—	—	—	—	—	—	90 82
6 54	15 66	—	—	—	—	—	—	—	—	—	—	—	27 96
—	12 78	71 05	—	—	—	—	—	—	—	—	—	—	83 83
—	—	47 55	—	—	—	—	—	—	—	—	—	—	75 27
—	18 75	84 19	—	—	—	—	—	—	—	—	—	—	102 94
18 17	7 54	12 71	7 91	25 25	4 71	2 90	—	—	—	—	—	3 64	223 05
2 91	6 44	17 64	—	5 52	1 98	1 64	—	—	—	—	—	2 14	77 50
214 90	269 28	326 92	42 60	70 47	25 31	19 26	—	—	—	—	6 47	65 97	3599 16

ist sehr wohl möglich, daß Werke mit hohen Betriebsunkosten sehr wirtschaftlich arbeiten können und umgekehrt. Es sind eben nur Vergleichszahlen, die zeigen, ob die Betriebsunkosten steigen oder fallen.

Nun ist nicht anzunehmen, daß in einem Werk, in dem die vorstehenden Aufwendungen mehr oder weniger willkürlich oder wenigstens ohne tiefere Überlegung gemacht werden, die Endsumme eine nicht mehr zu verringernde Größe darstellen wird.

Im vorliegenden Beispiel beträgt die Summe für den Monat Oktober für

<pre>
    die Erhaltung der Anlage . . . . .   8 600,75 Mark
    » Unkostenlöhne . . . .   8 829,49   »
    den allgemeinen Materialverbrauch. . 3 599,16   »
    » Kohlenverbrauch . . . .   3 076,86   »
                          Zusammen 24 106,26 Mark
</pre>

Das macht pro Jahr $12 \times 24\,106,26 = 289\,275,12$ Mark.

Läßt sich diese Summe nur um 10 % verringern, so ergibt dies bereits rund 29 000 Mark.

Nun dürfte es aber kaum ein Werk geben, in dem an einzelnen Stellen erhebliche Summen unnötig verausgabt werden. Die unnötigen Mehrausgaben werden eben an allen Stellen des Werkes gemacht, so daß sich die 29 000 Mark aus einer überaus großen Anzahl kleiner Beträge zusammensetzen. Was das bedeutet, zeigt folgende Betrachtung.

Es setzen sich zusammen:

<pre>
    die Erhaltung der Anlage   aus   20 × 61 = 1220 Posten
    » Unkostenlöhne   »   20 × 61 = 1220   »
    der allgemeine Materialverbrauch » 20 × 33 = 660   »
    » Kohlenverbrauch   »   20 × 3 =   60   »
                          Zusammen 3160 Posten.
</pre>

Dies macht für jeden Posten nur eine unnötige Mehrausgabe von rund 9,00 Mark pro Jahr aus, oder 0,75 Mark pro Monat.

Mit einem Druck auf die in Frage kommenden Werkstattorgane ist hierbei nichts getan. Diese haben viel zu wenig Zeit, sich genauer damit zu befassen. Auch liegt die Gefahr nahe, daß entweder an falscher Stelle oder zuviel gespart wird. In beiden Fällen wird die Betriebsfertigkeit und Leistungsfähigkeit des Werkes ungünstig beeinflußt.

Will man auch auf diesem Gebiete wirtschaftlich arbeiten, dann muß man die einzelnen Vorgänge am Ort ihrer Entstehung und Abwickelung, wie jede andere produktive Arbeit, wissenschaftlich behandeln. In welcher Weise dabei vorzugehen ist, ist bereits in dem Bisherigen zur Genüge erörtert. An dieser Stelle soll nur noch auf einige besondere Fälle hingewiesen werden.

Die für die eigene Anlage und von eigenen Leuten ausgeführten Reparaturarbeiten unterliegen genau denselben Grundbedingungen wie jede produktive Arbeit. Im übrigen gilt der Grundsatz:

Sämtliche zu einem Werk gehörende bauliche und maschinelle Einrichtungen müssen sich zu jeder Zeit in einem tadellosen Zustande befinden und derart pfleglich behandelt werden, daß dieser Zustand ohne Vornahme von Reparaturarbeiten möglichst lange erhalten bleibt.

Diese Forderung verlangt

1. regelmäßige Untersuchungen der einzelnen Baulichkeiten und Einrichtungen, und

2. eine gewissenhafte, fachliche Beurteilung und Aufsicht der erforderlichen Reparaturarbeiten.

Es muß ein übersichtliches Verzeichnis der regelmäßig zu untersuchenden Anlagen vorhanden sein. Tabelle 1 gibt Aufschluß darüber, welche Anlagen in Frage kommen. Dabei empfiehlt sich die Anwendung eines Revisionsplanes. Der Revisionsplan ist eine Tabelle, in die in senkrechter Richtung die zu untersuchenden Anlagen, in wagerechter Richtung die einzelnen Tage eingetragen sind; der Tag der Untersuchung wird schraffiert.

Beim allgemeinen Materialverbrauch äußert sich die wissenschaftliche Betriebsführung

1. in der Vornahme zahlreicher und ständiger Versuche an den Verbrauchsstellen der wichtigsten Materialien,

2. in der Unterweisung der Arbeiter zur Einhaltung des vorstehend gefundenen Mindestverbrauches

    a) durch Ausarbeitung von Gebrauchs- und Verbrauchsvorschriften,

    b) durch ständige Belehrung über die Anwendung derselben und

    c) durch ständige Kontrolle der wichtigsten Materialien an den Verbrauchsstellen.

Man denke nur an den Verbrauch von Schmiermitteln, Kühlmitteln, Werkzeugstählen, Glühbirnen, Sauer- und Wasserstoff, Karbid, Benzin, Benzol usw. Bei den Schmiermitteln z. B. kämen als Verbrauchsstellen die Dampfmaschinen, Luftkompressoren, Dampfhämmer, Pumpen, Werkzeugmaschinen und Transmissionen in Frage. An allen diesen Stellen sind systematische, wissenschaftliche Versuche vorzunehmen, welche Öle und Fette am geeignetsten sind, welche Mindestmenge und auf welche Weise diese erzielt werden kann. Eine ungeheure Arbeit, unsäglich viel Mühe und peinliche Gewissenhaftigkeit müssen aufgewendet werden, wenn man zu brauchbaren Resultaten gelangen will.

Für den Kohlenverbrauch gelten diese Ausführungen in noch viel schärferem Maße. Der Kohlenverbrauch stellt bekanntlich eine der größten Unkostenziffern des Werkes dar.

Die Kesselanlage ist ständig mit Hilfe von Meß- und Registrierapparaten durch Verbrennungs-, Verdampfungs-, Rauchgas- und Zugversuche auf ihre Wirtschaftlichkeit hin zu prüfen, desgleichen die

Dampfmaschinen und Dampfhämmer bezüglich ihres Dampfverbrauches. Weiterhin sind die Schmiede in der Hammerschmiede auf den geringsten Kohlen- und Koksverbrauch einzuschulen.

Von diesen Gesichtspunkten aus betrachtet, erhält die wirtschaftliche Bearbeitung der Betriebsunkosten ein ganz anderes Gesicht. Sie wird niemals erzielt werden, wenn sie von den Betriebsingenieuren und Meistern im Nebenberuf ausgeübt werden soll.

Hier ist ein Ingenieur mit reichen allgemeinen, theoretischen und praktischen Erfahrungen am Platze. Diesem unterstehen die gesamten Baulichkeiten mit allen Betriebseinrichtungen, unter seiner Leitung werden sämtliche Versuche durchgeführt und für den praktischen Gebrauch weiter bearbeitet. Ein reibungsloses Zusammenarbeiten dieses Ingenieurs mit den Betriebsingenieuren ist durch genaue Begrenzung der einzelnen Arbeitsbereiche leicht zu erzielen.

Ist dieser Beamte eingearbeitet, dann ist seine Tätigkeit überaus fruchtbringend für das ganze Werk. Er beherrscht die Erzeugungsstellen der Betriebsunkosten bis in alle Einzelheiten, so daß ihm Mißstände nicht so leicht entgehen können. Was ihm noch zur restlosen Erfüllung seiner Tätigkeit fehlt, das sagen ihm die monatlichen Betriebsunkosten-Übersichten. Für ihn ganz allein werden die darin niedergelegten Zahlen lebendig und verraten ihm, ob seine Tätigkeit auch an jeder Stelle den gewünschten Erfolg hat oder nicht.

2. Die Handlungsunkosten.

Die Handlungsunkosten umfassen die Kosten des gesamten Beamtenapparates, die Versicherungs-, Reise-, Reklame-, Vertreter- und Gerichtskosten, die Bureauspesen, Steuern, überhaupt alle außerhalb der Fabrikation in den Werkstätten erforderlichen Aufwendungen, soweit sie nicht auf eine produktive Auftragsnummer geschrieben werden können, und die — Abschreibungen.

Ob die letzteren wirklich unter die Handlungsunkosten gehören, soll hier nicht näher untersucht werden. Die Meinungen darüber gehen jedenfalls weit auseinander. Der Verfasser selbst zählte sie früher zu den Betriebsunkosten. Heute ist er nicht mehr in der Lage, diese Ansicht voll und ganz zu vertreten. Die Abschreibungen führen ihren Ursprung auf die Arbeit in den Abteilungen zurück. Wird ihre Höhe nach betriebstechnischen Gesichtspunkten bestimmt, dann zählen die Abschreibungen zu den Betriebsunkosten. Nun findet aber die Bestimmung ihrer Höhe vielfach auf Grund rein kaufmännischer Erwägungen statt, so daß die Abschreibungen eine reine Finanzoperation darstellen. Dann zählen sie zu den Handlungsunkosten.

Einen Aufschluß über die Höhe der Handlungsunkosten gibt die kaufmännische Buchführung, in der für jede der obigen Gruppen ein

Konto geführt wird. Wieweit diese Konten noch unterteilt werden können, soll späterhin erörtert werden.

Im vorliegenden Beispiel beträgt die Gesamtsumme der Handlungsunkosten für Oktober 1913: 38 945,54 Mark.

III. Die Bestimmung der Eigenkosten der einzelnen Abteilungen.

Die vorstehenden Aufstellungen der Betriebs- und Handlungsunkosten bilden nunmehr die Grundlage, auf der die Unkostenfrage weiter bearbeitet werden kann. Zunächst handelt es sich darum, die vielen einzelnen Gruppen abteilungsweise zusammenzufassen. Bei den Betriebsunkosten können diese Beträge ohne weiteres aus den Aufstellungen abgelesen werden. Bei den Handlungsunkosten kommen für diesen Zweck nur die Beträge in Frage, deren Zugehörigkeit zu einer bestimmten Abteilung einwandfrei und eindeutig festgestellt werden kann. Hierher gehören:

> die Krankenkassen- und Versicherungsbeiträge für die Arbeiter, für die Alters- und Invaliditätsversicherung,
> die Gehälter der Werkmeister, Werkführer, Werkstattschreiber und Lagerverwalter mit ihren Hilfskräften, und
> die Abschreibungen.

Die Summen dieser Beträge seien als Eigenkosten der einzelnen Abteilungen bezeichnet. Ihre Aufstellung zeigt Tabelle 4.

Die Krankenkassen- und Versicherungsbeiträge stehen in enger Beziehung zu den Verdiensten der Arbeiter. Man kann deshalb ohne großen Fehler die Summen der gezahlten Löhne in die Summe der gezahlten Beiträge dividieren und sagen: Auf jede Mark gezahlten Lohn entfallen soundsoviel Mark Versicherungsbeitrag.

Zur Feststellung dieses Betrages empfiehlt sich die Aufstellung einer Übersicht, wie sie Blatt 5 zeigt.

In dieser sind sowohl senkrecht als auch wagerecht die einzelnen Abteilungsnummern eingetragen. Die Beträge in den einzelnen Feldern stellen die Summen der Erhaltungs- und Unkostenlöhne dar, so daß

> die wagerechten Summen die Löhne bezeichnen, die in einer Abteilung für sich selbst und für die anderen aufgewendet wurden,
> die senkrechten Summen die Löhne bezeichnen, die für eine Abteilung aufgewendet wurden.

Werden unter die letzteren noch die produktiven Löhne der Werkstätten geschrieben, dann erhält man die Gesamtlohnsumme.

Im vorliegenden Beispiel betragen:

> die Gesamtlohnsumme   51 538,12 Mark,
> die Versicherungsbeiträge   773,05   »

Verteilung der Stromkosten

Abteilungen	Tischlerei	Graugießerei	Putzerei	Metallgießerei	Hammer-schmiede	Kesselschmiede	Bearbeitungs-werkstatt	Zusammenbau-werkstatt
Abteilungsnummer	1	2	3	4	5	6	.7	8
Verbrauchte Kilowatt . . .	500	600	400	100	800	4000	5500	300
Preis dafür bei 21,16 Pf. KWSt.	105 80	126 96	84 64	21 16	169 28	846 40	1164 10	63 48

Bestimmung der Eigenkosten

	Tischlerei	Graugießerei	Putzerei	Metallgießerei	Hammer-schmiede	Kesselschmiede	Bearbeitungs-werkstatt	Zusammenbau-werkstatt
Erhaltung der Anlage . . .	136 57	1171 69	151 04	129 92	423 14	1665 10	2122 48	1410 16
Unkostenlöhne	308 20	1781 82	423 01	188 44	651 19	865 08	787 54	735 30
Allgem. Materialverbrauch .	166 01	534 31	123 27	119 15	103 54	935 36	576 34	214 90
Kohlenverbrauch	—	780 22	—	101 89	825 09	373 66	—	—
Stromkosten	105 80	126 96	84 64	21 16	169 28	846 40	1164 10	63 48
Dampf für Dampfhämmer .	—	—	—	—	375 16	—	—	—
Dampf für Heizung	—	—	—	—	—	—	—	—
Versicherungsbeiträge f. Arb.	30 60	108 78	27 10	16 83	63 30	135 45	155 28	181 41
Gehälter an Betriebsbeamte .	500 00	750 00	150 00	150 00	600 00	700 00	700 00	700 00
Abschreibungen	300 00	800 00	300 00	200 00	800 00	1000 00	1500 00	800 00
Summe	1547 18	6053 78	1259 06	927 39	4010 70	6521 05	7005 74	4105 25

Davon ab: Dampf für Dampfhämmer

Bleibt für Stromerzeugung

Das ergibt für jede Mark ausgezahlten Lohn 773,05 : 51 538,12 = 1,5 Pfg. Versicherungsbeitrag.

Der auf die Metallgießerei z. B. entfallende Anteil beträgt dann 1 122,22 $\times$ 1,5 = 16,83 Mark.

Die Aufstellung dieser Übersicht empfiehlt sich aber noch aus anderen Gründen.

Es ist eine bekannte Tatsache, daß die Erhaltungs- und Unkosten-löhne ein beliebtes Mittel vorstellen, unsachgemäße produktive und Aus-schußarbeiten zu verschleiern, oder bei überschrittenen Akkordpreisen die fehlenden Löhne auf andere Abteilungen abzuwälzen. Auf Tabelle 5 kann nun jede Werkstatt die von den anderen Abteilungen auf ihre Auftragsnummer geschriebenen Löhne leicht nachkontrollieren, so daß bei einiger Aufmerksamkeit erhebliche Schiebungen nicht mehr vor-kommen können.

Für die Aufstellung der Abschreibungen läßt sich vorzüglich der Vordruck der Tabelle 1 verwenden.

ür den Monat: Oktober 1913.   Tabelle 4.

Werkzeug-macherei	Kraft- und Pumpanlage	Verwaltungs-gebäude	Fabrikplatz	Hauptlager	Stabeisenlager, Blechlager	Roheisenlager	Holzlager	Kohlenlager	Gußlager	Fertiglager	Versandstelle	Summe
9	10	11	12	13	14	15	16	17	18	19	20	
400	300	300	300	100	100	50	50	50	50	100	100	14100
84 64	63 48	63 48	63 48	21 16	21 16	10 58	10 58	10 58	10 58	21 16	21 16	2984 06

ür den Monat: Oktober 1913.

9	10	11	12	13	14	15	16	17	18	19	20	Summe
249 11	535 43	201 17	192 00	87 20	65 02	—	—	—	—	39 18	21 54	8600 75
445 30	582 91	162 50	512 76	536 70	472 88	—	—	—	—	187·74	138 97	8829 49
269 28	326 92	42 60	70 47	25 31	19 26	—	—	—	—	6 47	65 97	3599 16
170 60	825 40	—	—	—	—	—	—	—	—	—	—	3076 86
84 64	63 48	63 48	63 48	21 16	21 16	10 58	10 58	10 58	10 58	21 16	21 16	2984 06
Stromk. f. Pumpanl.			63 48	—	—	—	—	—	—	—	—	375 16
—	—	—	—	—	—	—	—	—	—	—	—	—
8 88	13 56	2 13	7 44	10 41	6 84	0 75	—	—	—	2 07	2 22	773 05
250 00	275 00	—	200 00	600 00	200 00	—	—	—	175 00	300 00	—	6250 00
500 00	700 00	100 00	200 00	100 00	75 00	75 00	75 00	75 00	75 00	75 00	50 00	7800 00
4977 81	3259 22	571 88	1309 63	1380 78	860 16	86 33	85 58	85 58	350 58	631 62	299 86	
	375 16											
	2984 06											

Die Feststellung des elektrischen Stromverbrauches, sowie die Verteilung des Dampfes für Dampfhämmer und Heizung erfolgt durch Messung, Berechnung und Schätzung. Tabelle 4.

Die in den Eigenkosten enthaltenen Beträge stehen in direktem Verhältnis zu den einzelnen Abteilungen und ihrer Arbeitsweise, so daß ihre Summe, wie schon der Name andeutet, sagt, wie teuer eine Abteilung arbeitet.

IV. Die Verteilung der Unkosten.

Den folgenden Ausführungen sei eine kritische Betrachtung der zurzeit gebräuchlichsten Unkostenmethode vorangestellt. Diese Methode basiert auf dem Grundsatz:

Bestimmung der Unkosten der einzelnen Werkstätten und ihre Beziehung auf die produktiven Löhne.

Verteilungsplan der Erhaltungs- und Unkostenlöhne ur

	1	2	3	4	5	6	7	8	9
1	359 12	—	—	—	—	33 28	15 64	21 64	—
2	—	1600 38	—	—	—	—	—	—	—
3	—	—	300 12	—	—	—	—	—	—
4	—	—	—	128 33	—	—	—	—	—
5	—	28 33	23 74	—	470 29	—	58 38	19 61	60
6	—	—	—	—	—	553 04	—	—	—
7	3 98	—	34 19	—	13 65	46 98	679 78	53 17	94
8	15 17	69 25	69 88	—	27 19	5 04	8 19	592 11	—
9	—	24 31	12 17	2 76	9 54	100 33	189 75	21 10	395
10	4 61	5 27	6 71	3 50	5 82	7 01	7 80	5 90	3
11	—	—	—	—	—	—	—	—	—
12	75 75	395 09	122 28	82 17	188 17	151 92	144 83	163 21	39
13	—	—	—	—	—	—	—	—	—
14	—	—	—	—	—	—	—	—	—
15	—	—	—	—	—	—	—	—	—
16	—	—	—	—	—	—	—	—	—
17	—	—	—	—	—	—	—	—	—
18	—	—	—	—	—	—	—	—	—
19	—	—	—	—	—	—	—	—	—
20	—	—	—	—	—	—	—	—	—
Summe	458 63	2122 63	569 09	216 76	714 66	897 60	1104 37	876 74	592
Prod. Löhne .	1581 13	5129 88	1237 65	905 46	3506 27	8133 84	9247 63	11217 13	—
Summe	2039 76	7252 51	1806 74	1122 22	4220 93	9031 44	10352 00	12093 87	592
Versicherungs-Beiträge . .	30 60	108 78	27 10	16 83	63 30	135 45	155 28	181 41	8

Verteilung der Eigenkosten der unproduktive

	Werkzeug-macherei		Verwaltungs-gebäude		Fabrikplatz		Hauptlage	
	%		%		%		%	
Tischlerei.	10	197 90	7	40 04	7	91 70	15	207
Graugießerei	5	98 89	18	102 96	15	196 50	15	207
Putzerei	—	—	3	17 16	10	131 00	5	68
Metallgießerei	—	—	3	17 16	8	104 43	5	69
Hammerschmiede	5	98 77	15	85 68	15	196 50	15	207
Kesselschmiede	20	395 56	18	102 96	15	196 50	15	207
Bearbeitungswerkstatt	40	791 13	18	102 96	15	196 50	15	207
Zusammenbauwerkstatt	20	395 56	18	102 96	15	196 50	15	207
Summe	—	1977 81	—	571 88	—	1309 63	—	1380

ersicherungsbeiträge für den Monat: Oktober 1913.   Tabelle 5.

10	11	12	13	14	15	16	17	18	19	20	Summe
—	—	—	3 07	—	—	—	—	—	3 04	17 61	453 40
—	—	—	—	—	—	—	—	—	—	—	1600 38
—	—	—	—	—	—	—	—	—	—	—	300 12
—	—	—	—	—	—	—	—	—	—	—	128 33
32 11	—	—	—	—	—	—	—	—	—	—	692 73
—	—	—	—	—	—	—	—	—	—	—	553 04
55 04	—	—	—	—	—	—	—	—	—	—	980 92
41 11	—	—	—	—	—	—	—	—	2 61	4 93	935 48
—	—	—	—	—	—	—	—	—	—	—	755 07
76 13	—	7 01	6 15	4 21	—	—	—	—	2 35	1 98	647 51
—	98 04	—	—	—	—	—	—	—	—	—	98 04
99 61	43 06	488 95	95 16	—	49 15	—	—	—	29 78	54 09	2222 37
—	—	—	590 17	—	—	—	—	—	—	—	590 17
—	—	—	—	451 88	—	—	—	—	—	—	451 88
—	—	—	—	—	—	—	—	—	—	—	—
—	—	—	—	—	—	—	—	—	—	—	—
—	—	—	—	—	—	—	—	—	—	—	—
—	—	—	—	—	—	—	—	—	—	—	—
—	—	—	—	—	—	—	—	—	100 11	—	100 11
—	—	—	—	—	—	—	—	—	—	69 08	69 08
04 00	141 10	495 96	694 55	456 09	49 15	—	—	—	137 89	147 69	10579 13
—	—	—	—	—	—	—	—	—	—	—	40958 99
04 00	141 10	495 96	694 55	456 09	49 15	—	—	—	137 89	147 69	51538 12
13 56	2 13	7 44	10 41	6 84	0 75	—	—	—	2 07	2 22	773 05

etriebe für den Monat: Oktober 1913.   Tabelle 6.

Stab-isenlager		Roheisen-lager		Holzlager		Kohlen-lager		Gußlager		Fertiglager		Versand-stelle		Summe
%		%		%		%		%		%	.	%		
—	—	—	—	100	85 58	—	—	—	—	—	—	—	—	622 22
—	—	100	86 33	—	—	35	30 10	100	350 58	15	94 80	18	54 00	1221 16
—	—	—	—	—	—	—	—	—	—	—	—	5	14 93	232 08
—	—	—	—	—	—	10	8 56	—	—	5	31 54	5	14 93	246 01
[illegible]	258 00	—	—	—	—	35	30 10	—	—	20	126 32	18	54 00	1056 37
[illegible]	258 00	—	—	—	—	20	16 82	—	—	20	126 32	18	54 00	1357 56
[illegible]	172 08	—	—	—	—	—	—	—	—	20	126 32	18	54 00	1649 99
[illegible]	172 08	—	—	—	—	—	—	—	—	20	126 32	18	54 00	1254 42
—	860 16	—	86 33	—	85 58	—	85 58	—	350 58	—	631 62	—	299 86	7639 81

Tabelle 7.

Bestimmung der Unkostenzuschläge' auf Grund der produkt. Löhne für den Monat: Oktober 1913.

	Tisch-lerei	Grau-gießerei	Putzerei	Metall-gießerei	Ham-mer-schmiede	Kessel-schmiede	Bearbei-tungs-werkstatt	Zusam-menbau-werkstatt	Summe
Eigenkosten	1547 18	6053 78	1259 06	927 39	4010 70	6521 05	7005 54	4105 25	31429 95
Anteil an den unprodukt. Abteilungen . . .	622 22	1221 16	232 08	246 01	1056 37	1357 56	1649 99	1254 42	7639 81
Summe I	2169 40	7274 94	1491 14	1173 40	5067 07	7878 61	8655 53	5359 67	39069 76
Handlungsunkosten.	932 79	3026 70	730 42	533 95	2068 54	4799 06	5413 00	6618 03	24122 49
Summe	3102 19	10301 64	2221 56	1707 35	7135 61	12677 67	14068 53	11977 70	63192 25
Produktive Löhne	1581 13	5129 88	1237 65	905 46	3506 27	8133 84	9247 63	11217 13	40958 99
Unkostenzuschlag. . . . . %	196	200	179	200	204	156	152	107	154
Unkostenzuschlag der Summe I . . . . %	137	146	120	130	144	97	94	48	—
Unkostenzuschlag der Handlungsunkosten %	60	54	59	70	60	59	58	59	—

Diese Unkosten umfassen hiernach:

1. die Eigenkosten,
2. die Anteile an den Eigenkosten der unproduktiven Abteilungen,
3. die Anteile an den restlichen Handlungsunkosten.

Die Werkstattanteile an den unproduktiven Abteilungen werden auf Grund reiflicher, sachlicher Erwägungen festgelegt. Tabelle 6 gibt ein Bild davon.

Die restlichen Handlungsunkosten verteilen sich auf die einzelnen Werkstätten im Verhältnis der darin gezahlten produktiven Löhne. Tabelle 7 zeigt die auf diese Weise gefundenen Werkstattzuschläge.

Auf dieser Grundlage weiter bauend, zieht · man in manchen Werkstätten die Unkosten noch weiter auseinander und bestimmt z. B. in der Gießerei die Unkostenzuschläge für die Maschinen-, Lehm- und Sandformerei, in der Hammerschmiede für die Schmiedemaschinen, in der Kesselschmiede für die hydraulischen Niet- und Preßluftarbeiten, die maschinelle Bearbeitung usw. gesondert. In der Bearbeitungswerkstatt bestimmt man in derselben

Weise die Unkosten für kostbare oder besonders große oder nicht ständig arbeitende Werkzeugmaschinen gesondert. Hier geht man noch einen Schritt weiter, indem man diese besonderen Unkosten nicht auf die gezahlten produktiven Löhne, sondern auf die geleistete Arbeitszeit (Maschinenstunden) bezieht.

Man muß zugeben, daß diese Methode nicht nur einfach ist, sondern auch in gewissen Fällen eine gerechte Verteilung der Unkosten gewährleistet. So kann man sie in Werken der Massenherstellung, falls die Werkstätten in sachgemäßer Weise eingeteilt sind, unbedenklich anwenden und wird immer brauchbare Resultate erzielen.

Anders liegen die Verhältnisse in den Werken des allgemeinen Maschinenbaues, in denen mehrere voneinander verschiedene Fabrikationszweige betrieben werden und bei denen wiederum die Größe der einzelnen Erzeugnisse stark schwankt. In diesen Werken ist die Anwendung der obigen Unkostenmethode mit solchen Nachteilen verknüpft, daß man vielfach zu ganz falschen Resultaten gelangt. Manche Erzeugnisse werden dabei zu hoch, manche zu niedrig belastet, so daß von einem wirtschaftlichen Wettbewerb kaum die Rede sein kann.

Die obige Methode geht von der Voraussetzung aus, daß die auf ein Arbeitsstück entfallenden Unkosten mit den dazugehörigen produktiven Löhnen steigen und fallen. Diese Voraussetzung ist entschieden falsch. Die Herstellung eines schwierigen aber kleinen Schmiedestückes erfordere 5,00 Mark Schmiedelöhne. Die Herstellung eines großen aber einfachen Schmiedestückes erfordere 2,50 Mark Löhne.

Ist es berechtigt, im ersten Fall doppelt soviel Unkosten zu rechnen, wie im zweiten? Nein.

Ähnliche Fälle lassen sich zu Hunderten in jeder Werkstatt feststellen.

Die obige Methode geht weiterhin von der Voraussetzung aus, daß die restlichen Handlungsunkosten eine Funktion der produktiven Löhne sind. Diese Voraussetzung ist insofern willkürlich und deshalb unsachlich, weil die indirekten Urheber der Handlungsunkosten nicht nur die produktiven Löhne, sondern auch die unproduktiven Löhne, die unproduktiven Materialien und die produktiven Materialien sind.

Weiterhin kann man gegen das obige System den Vorwurf der Ungenauigkeit erheben.

Angenommen, eine Werkstatt wird derartig vorzüglich geleitet, daß bei gleichen Eigenkosten ihre Leistung um 50 v. H. steigt. Da die produktiven Löhne um den gleichen Betrag steigen, müßten die Werkstattzuschläge um den gleichen Betrag fallen. Sie tun es aber nicht, weil dann der betreffenden Werkstatt aus Dankbarkeit 50 v. H. mehr Handlungsunkosten zugeschrieben werden.

Mit Rücksicht auf diese Tatsachen soll nun auf Grund logischer Betrachtungen eine Unkostenmethode entwickelt werden, die die eben geschilderten Nachteile zwar nicht ganz beseitigt, aber doch stark mildert, so daß sie den wirklichen Verhältnissen ein ganzes Stück näher kommt als alle bisher geschilderten Methoden. Einige Beispiele am Ende dieses Abschnittes werden diese Behauptung noch zahlenmäßig beweisen. Es soll dabei nicht unerwähnt bleiben, daß es sich nachstehend nur um die Klarstellung der Grundgedanken handelt.

Die Unkosten eines Werkes sind Begleiterscheinungen der Arbeit in den Werkstätten, d. h. der Formveränderung der Rohstoffe, der Bewältigung und Beschaffung der Materialien und der Verwaltung der Materialien, Löhne und sonstigen Ausgaben.

Die Verteilung der Unkosten wird um so sachlicher und gerechter sein und die wirklichen Verhältnisse am besten treffen, je mehr sie diese Momente berücksichtigt.

Von diesem Grundgedanken ausgehend, kann man die Unkosten einteilen:

1. In solche, die in direkter Beziehung zu der Herstellung der Erzeugnisse stehen, die eine Formveränderung der Erzeugnisse herbeiführen und diese somit ihrem Endzustand näher bringen und weiterhin eine ständige Abwickelung dieser Vorgänge ermöglichen. Diese Unkosten stehen in einem direkten Verhältnis zu den produktiven Löhnen und sollen deshalb als Lohnunkosten bezeichnet werden.

2. In solche, die in indirekter Beziehung zu der Herstellung der Erzeugnisse stehen, die also keine Formveränderung der Erzeugnisse herbeiführen und diese deshalb ihrem Endzustand nicht näher bringen. Diese hängen von den in den Werkstätten im Umlauf befindlichen produktiven Materialien und deren Abmessungen ab. Sie sollen deshalb als Materialunkosten bezeichnet werden.

3. In solche, die in gar keiner Beziehung zu der Herstellung der Erzeugnisse in den Werkstätten stehen, die also außerhalb derselben erzeugt werden. Diese Unkosten umfassen die Beschaffung und Verwaltung der benötigten Materialien und Löhne, die Verwaltung der sonstigen Ausgaben, den Verkauf der Erzeugnisse usw. Sie sollen mit Verwaltungsunkosten bezeichnet werden.

1. Die Lohn- und Materialunkosten.

Die Lohn- und Materialunkosten umfassen die Eigenkosten der einzelnen Werkstätten zuzüglich der Eigenkosten der unproduktiven Abteilungen.

Nun ist es in den unglaublich vielen Ursachen, die die einzelnen Unkostenposten (siehe Blatt 1—3) erzeugen, sowie in der oft nicht einwandfrei zu bestimmenden Wesensart derselben begründet, daß sich zwischen den Lohn- und Materialunkosten keine scharfe Grenze ziehen läßt. Man ist vielmehr gezwungen, den einen oder anderen Unkostenposten auf Grund sachlicher Überlegungen entweder auf Lohn- oder auf Materialunkosten zu schreiben, ohne hierbei in jeder Hinsicht das Richtige zu treffen. Der Grundgedanke in diesen zweifelhaften Fällen ist größtmöglichste Einfachheit bei größtmöglichster Gerechtigkeit. Da es sich hierbei um weniger wichtige und außerdem geringe Beträge handelt, so ist ihr Einfluß auf das Endresultat verschwindend klein.

Die Grundlage für die Aufstellung der Lohn- und Materialunkosten bildet Tabelle 1. Auf diesem ist die Erhaltung der Anlage in zwei Gruppen I und II eingeteilt. Die in der Gruppe I aufgeführten Beträge zählen zu den Lohnunkosten, die in der Gruppe II zu den Materialunkosten.

Da die Unkostenlöhne, der allgemeine Material- und Kohlenverbrauch nach denselben Auftragsnummern verbucht werden, so ergibt sich deren Unterteilung in Lohn- und Materialunkosten von selbst.

Es würde zu weit führen, die Zugehörigkeit der Posten zu einer der beiden Unkostengruppen einzeln zu begründen. Es seien nur zwei Posten: die Gebäude und Schmiedefeuer besonders hervorgehoben.

Die Gebäude dienen sowohl zur Aufnahme der Werkzeugmaschinen und Arbeiter, als auch zur Aufnahme der im Umlauf befindlichen Materialien. Ihre Unkosten können deshalb sowohl unter die Lohn-, als auch unter die Materialunkosten gerechnet werden.

Da die Gebäude aber auf die Herstellung der Erzeugnisse an sich keinen Einfluß ausüben, wohl aber ihre Abmessungen von den Gewichten und Größenverhältnissen der zu bearbeitenden Materialien in erheblichem Maße abhängen, zählen sie zu den Materialunkosten.

Die Schmiedefeuer und Öfen dienen zur Erwärmung der zu bearbeitenden Schmiedestücke. Da diese Erwärmung noch keine beabsichtigte Formveränderung zur Folge hat (dazu bedarf es erst der Bearbeitung von Hand oder unter dem Dampfhammer), ihre Abmessungen aber von den vorkommenden Materialgrößen abhängig sind, gehören die Schmiedeöfen und -feuer zu den Materialunkosten und logischerweise gehört die in denselben verbrannte Kohle in dieselbe Unkostengruppe.

Die Eigenkosten der Werkzeugmacherei sind Lohnunkosten.

Die Eigenkosten der übrigen unproduktiven Abteilungen sind reine Materialunkosten.

Diese beiden Annahmen sind zwar nicht ganz genau, aber im Interesse der Einfachheit berechtigt.

Der Stromverbrauch und die Abschreibungen der Werkstätten teilen sich im Verhältnis der für die einzelnen Anlagen aufgewendeten Kilowatts und festgesetzten Abschreibungsbeträge.

Die Versicherungsbeiträge in den einzelnen Werkstätten sind der Einfachheit halber auf Lohnunkosten geschrieben.

Die Gehälter der Betriebsbeamten sind halb Lohn-, halb Materialunkosten. Tabelle 8 zeigt die Aufstellung der Lohn- und Materialunkosten.

Tabelle 8.

Bestimmung der Lohnunkostenzuschläge für den Monat: Oktober 1913.

	Tischlerei	Graugießerei	Putzerei	Metallgießerei	Hammerschmiede	Kesselschmiede	Bearbeitungswerkstatt	Zusammenbauwerkstatt
Erhaltung der Anlage . .	69 62	421 39	117 42	27 40	241 97	1282 72	1435 34	779 00
Unkostenlöhne	28 93	103 40	46 70	4 39	276 59	304 01	125 14	144 10
Allgem. Materialverbrauch	98 51	180 84	34 87	28 23	81 97	816 37	512 79	156 93
Kohlenverbrauch	—	—	—	—	—	—	—	—
Stromkosten	60 69	26 96	84 64	5 87	38 96	685 84	1049 10	12 61
Versicherungsbeiträge . .	30 60	108 78	27 10	16 83	63 30	135 45	155 28	181 41
Dampf für Dampfhämmer	—	—	—	—	375 16	—	—	—
Anteil an der Werkzeugmacherei	197 78	98 89	—	—	98 89	395 56	791 13	395 56
Abschreibungen	200 00	300 00	100 00	75 00	500 00	700 00	900 00	450 00
Gehälter f. Betriebsbeamte	250 00	375 00	75 00	75 00	300 00	350 00	350 00	350 00
Summe	936 13	1615 26	485 73	232 72	1976 84	4669 95	5318 78	2469 61
Produktive Löhne	1581 13	5129 88	1237 65	905 46	3506 27	8133 84	9247 63	11217 13
Lohnunkostenzuschlag %	59	32	40	26	57	58	57	22

Bestimmung der Materialunkostenzuschläge für den Monat: Oktober 1913.

	Tischlerei	Graugießerei	Putzerei	Metallgießerei	Hammerschmiede	Kesselschmiede	Bearbeitungswerkstatt	Zusammenbauwerkstatt
Erhaltung der Anlage . .	66 95	750 30	33 62	102 52	181 17	382 38	687 14	631 16
Unkostenlöhne	279 27	1678 42	376 31	184 05	374 60	561 07	662 40	591 20
Allgem. Materialverbrauch	67 50	353 47	88 40	90 92	21 57	118 99	63 55	57 97
Kohlenverbrauch	—	780 22	—	101 89	825 09	373 66	—	—
Stromkosten	45 11	100 00	—	15 29	120 32	160 56	115 00	50 87
Dampf für Heizung . . .	—	—	—	—	—	—	—	—
Abschreibungen	100 00	500 00	200 00	125 00	300 00	300 00	600 00	350 00
Gehälter f. Betriebsbeamte	250 00	375 00	75 00	75 00	300 00	350 00	350 00	350 00
Anteil a. d. unprod. Abteilungen	424 44	1122 27	232 08	246 01	957 48	962 00	858 86	858 86
Summe	1233 27	5659 68	1005 41	940 68	3090 23	3208 66	3336 95	2890 06
Fertige Arbeit in kg . .	200	60 000	60 000	2000	20 000	60 000	30 000	35 000
Unkostenfaktor $M^2 : G \cdot L$.	5,0	—	0,014	—	0,136	0,021	0,04	0,021

Nachtrag.

Die auf Seite 65 angeführte Gleichung für die Verteilung der Materialunkosten ist eine Annäherungsformel, die in der Praxis besser durch die auf Seite 71 angeführte Gleichung $Z = \dfrac{M}{G + L}$ zu ersetzen ist. Diese Formel ist leicht zu handhaben und paßt sich den wirklichen Verhältnissen am besten an, so daß man immer brauchbare Resultate erhält.

Die Lohnunkosten jeder Werkstatt stehen nunmehr in direkter Beziehung zu den aufgewendeten produktiven Löhnen, können also auf diese in Form von Lohnzuschlägen verrechnet werden.

Die Materialunkosten stehen in direkter Beziehung zu den verarbeiteten produktiven Materialien, können also auf diese in Form von Materialzuschlägen verrechnet werden.

Die in jeder Werkstatt sich ergebende Materialunkostensumme, bedeutet den Betrag, der im Interesse der im Umlauf befindlichen Materialien aufgewendet werden muß, da jedes fertige Werkstück bis zu seiner Fertigstellung verschieden lange Zeiten in einer Werkstatt unterwegs ist, so müssen, um eine sachgemäße Verteilung der Materialunkosten zu erzielen, außer den Fertiggewichten auch die produktiven Löhne berücksichtigt werden. Diese Berücksichtigung findet ihren Ausdruck am besten in der Gleichung:

$$M = G \cdot L \cdot Z.$$

In dieser Gleichung bedeuten:

$M =$ Materialunkosten innerhalb einer bestimmten Zeitspanne,

$G =$ Fertiggewichte in derselben Zeit,

$L =$ produktive Löhne in derselben Zeit,

$Z =$ eine Zahl mit der $G \cdot L$ multipliziert werden muß, um M zu erhalten.

Bezeichnet man weiterhin mit

m die Materialunkosten für ein beliebiges fertiges Werkstück,

g dessen Gewicht,

l die dafür aufgewendeten produktiven Löhne,

dann verhalten sich

$$m^2 : M^2 = g \cdot l : G \cdot L,$$

$$m^2 = \frac{M^2}{G \cdot L} \cdot g \cdot l \quad \text{oder}$$

$$m = \sqrt{\frac{M^2}{G \cdot L} \cdot g \cdot l}.$$

Der Bruch $\dfrac{M^2}{G \cdot L} = u$ ist der Materialunkostenfaktor.

Hieraus ergibt sich für jedes Werkstück der dazugehörige Materialunkostenbetrag mit

$$m = \sqrt{u \cdot g \cdot l}.$$

Für die Bearbeitungswerkstatt z. B. ist

$$M = 3\,336{,}95 \text{ Mark}$$
$$G = 30\,000 \text{ kg und}$$
$$L = 9\,247{,}63 \text{ Mark.}$$

Hieraus ergibt sich:

$$u = \frac{M^2}{G \cdot L} = \frac{3\,336{,}95^2}{30\,000 \cdot 9\,247{,}63} = 0{,}04.$$

Siehe Tabelle 8.

2. Die Verwaltungsunkosten.

Die Verwaltungsunkosten umfassen die restlichen Handlungsunkosten. Sie werden im Interesse aller Löhne und aller Materialien aufgewendet, denn das Lohnbureau verbucht sowohl produktive als auch unproduktive Löhne, das Bestellbureau bestellt sowohl produktive als auch unproduktive Materialien, das Nachkalkulationsbureau berücksichtigt alle vier Größen usw. usw.

Die Verwaltungsunkosten müssen deshalb auf die produktiven und unproduktiven Löhne und auf die produktiven und unproduktiven Materialien zugeschlagen werden.

Eine streng sachliche und genaue Verteilung in diesem Sinne ist allergings nicht möglich. Es kann z. B. vorkommen, daß die Materialbeschaffung für einen kleinen Maschinenteil bedeutend mehr Arbeit verursacht, als die eines großen. Maschinen, zu denen bereits alle Zeichnungen, Akkorde, Modelle usw. vorhanden sind, erfordern ungleich weniger Verwaltungsunkosten, als solche, die erst entworfen werden müssen. Die Hereinholung eines Auftrages erfordert manchmal einen umfangreichen Schriftwechsel, manchmal nur zwei Briefe. Mancher Auftrag hat einen kostspieligen Prozeß zur Folge usw.

Um trotzdem eine einigermaßen gerechte und einfache Verteilung der Verwaltungsunkosten zu erzielen, muß man sich wohl oder übel zu der Annahme entschließen, daß die Verwaltungsunkosten in gleichem Verhältnis mit sämtlichen Löhnen und Materialien steigen und fallen.

Diese Annahme ist immer noch gerechter und kommt den wirklichen Verhältnissen bedeutend näher, als wenn die Verwaltungsunkosten nur auf die produktiven Löhne bezogen werden.

Nach den bisherigen Ausführungen umfaßt ein in den Werkstätten hergestelltes Werkstück:

1. die produktiven Löhne,
2. die Lohnzuschläge,
3. die produktiven Materialien und sonstigen Kosten, und
4. die Materialzuschläge.

Die Summe dieser vier Größen stellen die Herstellungskosten eines Auftrages dar.

Demnach kann man sagen:

Die Verwaltungsunkosten stehen in direkter Beziehung zu den Herstellungskosten, oder auf jede Mark Herstellungskosten entfällt ein der Leistung entsprechender Betrag an Verwaltungsunkosten.

Im vorliegenden Fall sollen die Herstellungskosten für den Monat Oktober 1913: 120 612,45 Mark, die Verwaltungsunkosten: 24 122,49 Mark betragen.

Dies ergibt auf jede Mark Herstellungskosten: 0,20 Mark Verwaltungsunkosten.

An Hand der Tabelle 8 seien die Tischlerei und Gießereien näher betrachtet.

In der Tischlerei scheint auf den ersten Augenblick ein Materialzuschlag nicht angängig, da das für die Modelle verwendete Holz nach Kubikmeter und nicht nach Kilogramm berechnet wird. Bei näherem Hinsehen jedoch findet man kein Hindernis, die fertige Tischlerarbeit mit Kernkisten und Schablonen zu wiegen.

In den Gießereien bedürfen die Materialunkosten auf Blatt 8 einer Berichtigung. Hier handelt es sich zunächst um die Bestimmung des Wertes des flüssigen Eisens. Dann handelt es sich darum, die Materialunkosten der Trockenkammern auf die darin getrockneten Formen und Kerne zu verteilen. Der Rest der Materialunkosten ergibt dann den Materialunkostenzuschlag, der für die gegossenen Maschinenteile in Betracht kommt. Ein näheres Eingehen auf diese Größen würde zu weit führen und muß deshalb an dieser Stelle unterbleiben.

Aus demselben Grunde muß auch auf eine weitere Untersuchung der Unkosten in den Werkstätten verzichtet werden.

Man kann selbstverständlich auch bei dieser Methode z. B. die Unkosten der Kesselschmiede auf die hydraulischen Nietarbeiten, Preßluftarbeiten und maschinelle Bearbeitung gesondert verteilen.

Betreibt ein Werk mehrere Spezialitäten, z. B. Dampfmaschinenbau, Maschinen für Hartzerleinerung und Bergwerksmaschinenbau, dann kann man die Verwaltungsunkosten für jeden dieser Zweige gesondert bestimmen und den Herstellungskosten der betreffenden Erzeugnisse zuschlagen. Man erhält dann für jeden dieser Zweige besondere Verwaltungsunkostenzuschläge. Allerdings müssen in diesem Falle auch etwaige spezielle Werkstatteinrichtungen besonders berücksichtigt werden. Auf diese Weise erhält man ein klares Bild von der Wirtschaftlichkeit der einzelnen betriebenen Spezialitäten.

3. Beispiele.

In den nachfolgenden Beispielen sei die bisher übliche Methode (Tabelle 7) als alte, die eben geschilderte (Tabelle 8) als neue Methode bezeichnet.

5*

1. Ein feststehender Einflammrohrkessel, 45 qm Heizfläche. Gewicht: 7 800 kg, % kg 20,00 Mark = 1 560 Mark; Löhne: 600,00 Mark.

Alte Methode.

Löhne	600,00 Mk.
97%	582,00 »
Material	1 560,00 »
Herstellungskosten	2 742,00 Mk.
Handl.-Unkosten 59% . .	354,00 »
Selbstkosten	3 096,00 Mk.

Neue Methode.

Löhne	600,00 Mk.	
Lohnunkosten 58% . . .	348,00 »	
Material	1 560,00 »	
$\sqrt{0,021 \cdot 7\,800 \cdot 600}$ . . .	316,00 »	(403,20)
Herstellungskosten . . .	2 824,00 Mk.	
Verwaltungsunkosten 20% .	564,80 »	
Selbstkosten	3 388,80 Mk.	

2. Ein Blechbehälter. Gewicht: 300 kg, % kg 16,00 Mk. = 48,00 Mk.; Löhne: 200,00 Mark.

<table>
<tr><td colspan="2">Alte Methode.</td><td colspan="3">Neue Methode.</td></tr>
<tr><td>L. . . . .</td><td align="right">200,00 Mk.</td><td>L. . . . .</td><td align="right">200,00 Mk.</td><td></td></tr>
<tr><td>97% . . . .</td><td align="right">194,00 »</td><td>L.-U. 58% . . .</td><td align="right">116,00 »</td><td></td></tr>
<tr><td>Material . . .</td><td align="right">48,00 »</td><td>Mat. . . . . .</td><td align="right">48,00 »</td><td></td></tr>
<tr><td>H.-K. . . . .</td><td align="right">442,00 Mk.</td><td>$\sqrt{0,021 \cdot 300 \cdot 200}$</td><td align="right">36,00 »</td><td>(24,00)</td></tr>
<tr><td>H.-U. 59% . .</td><td align="right">118,00 »</td><td>H.-K. . . . . .</td><td align="right">400,00 Mk.</td><td></td></tr>
<tr><td>S.-K. . . . .</td><td align="right">560,00 Mk.</td><td>V.-U. 20% . . .</td><td align="right">80,00 »</td><td></td></tr>
<tr><td></td><td></td><td>S.-K. . . . . .</td><td align="right">480,00 Mk.</td><td></td></tr>
</table>

3. Ein Schmiedestück. Gewicht: 80 kg, % kg 14,00 Mk. = 11,20 Mk.; Löhne: 8,00 Mk.

<table>
<tr><td>L. . . . . .</td><td align="right">8,00 Mk.</td><td>L. . . . .</td><td align="right">8,00 Mk.</td><td></td></tr>
<tr><td>144% . . . .</td><td align="right">11,52 »</td><td>L.-U. 57% . . .</td><td align="right">4,56 »</td><td></td></tr>
<tr><td>Mat. . . . .</td><td align="right">11,20 »</td><td>Mat. . . . . .</td><td align="right">11,20 »</td><td></td></tr>
<tr><td>H.-K. . . . .</td><td align="right">30,72 Mk.</td><td>$\sqrt{0,136 \cdot 80 \cdot 8}$ . .</td><td align="right">9,33 »</td><td>(11,62)</td></tr>
<tr><td>H.-U. 60% . .</td><td align="right">4,80 »</td><td>H.-K. . . . . .</td><td align="right">33,09 Mk.</td><td></td></tr>
<tr><td>S.-K. . . . .</td><td align="right">35,52 Mk.</td><td>V.-U. 20% . . .</td><td align="right">6,60 »</td><td></td></tr>
<tr><td></td><td></td><td>S.-K. . . . . .</td><td align="right">39,69 Mk.</td><td></td></tr>
</table>

4. Ein Schmiedestück. Gewicht: 5 kg, % kg 14,00 Mk. = 0,70 Mk.;
Löhne: 4,00 Mk.

L.	4,00 Mk.		L.	4,00 Mk.	
144%	5,76 »		L.-U. 57% . . .	2,28 »	
Mat.	0,70 »		Mat.	0,70 »	
H.-K.	10,46 Mk.		$\sqrt{0,136 \cdot 5 \cdot 4}$ . .	1,70 »	(1,19)
H.-U. 60% . .	6,28 »		H.-K.	8,68 Mk.	
S.-K.	16,74 Mk.		V.-U. 20% . . .	1,74 »	
			S.-K.	10,42 Mk.	

5. Ein Maschinenteil in der Bearbeitungswerkstätte bearbeitet. Material: Stahl. Gewicht: 10 kg., % kg 20,00 Mk. = 2,00 Mk.; Löhne: 15,00 Mk.

L.	15,00 Mk.		L.	15,00 Mk.	
94%	14,10 »		L.-U. 57% . . .	8,55 »	
Mat.	2,00 »		Mat.	2,00 »	
H.-K.	31,10 Mk.		$\sqrt{0,04 \cdot 10 \cdot 15}$ . .	2,45 »	(2,13)
H.-U. 58% . .	8,70 »		H.-K.	28,00 Mk.	
S.-K.	39,80 Mk.		V.-U. 20% . . .	5,60 »	
			S.-K.	33,60 Mk.	

6. Eine eingesandte Walze im Gewicht von 150 kg nachdrehen. Löhne: 5,00 Mk.

L.	5,00 Mk.		L.	5,00 Mk.	
94%	4,70 »		L.-U. 57% . . .	2,85 »	
Mat.	— »		Mat.	—	
H.-K.	9,70 Mk.		$\sqrt{0,04 \cdot 150 \cdot 5}$ . .	5,48 »	(8,93)
H.-U. 58% . .	2,90 »		H.-K.	13,33 Mk.	
S.-K.	12,60 Mk.		V.-U. 20% . . .	2,67 »	
			S.-K.	16,00 Mk.	

7. Ein Maschinenteil, Schmiedeeisen. Gewicht: 100 kg = 14,00 Mk.; Schmiedelöhne: 12,00 Mk.; Dreherlöhne: 22,00 Mk.; Schlosserlöhne: 5,00 Mk.

Schm.-L.	12,00 Mk.		Schm.-L. . . .	12,00 Mk.	
144%	17,28 »		L.-U. 57% . .	6,84 »	
Dr.-L.	22,00 »		Dr.-L. . . .	22,00 »	
94%	20,68 »		L.-U. 57% . .	12,54 »	
Schl.-L.	5,00 »		Schl.-L. . . .	5,00 »	
48%	2,40 »		L.-U. 22% . .	1,10 »	
Mat.	14,00 »		Mat.	14,00 »	
H.-K.	93,36 Mk.		$\sqrt{0,136 \cdot 100 \cdot 12}$	12,77 »	(14,78)

H.-U. Schmiede 60%	7,20 Mk.	$\sqrt{0,04 \cdot 100 \cdot 22}$.	9,38 Mk.	(10,37)
» Bearb.-Werkst. 58%	12,76 »	$\sqrt{0,021 \cdot 100 \cdot 5}$.	3,32 »	(6,51)
» Zus.-Werkst. 59%	2,95 »	H.-K.	98,95 Mk.	
S.-K.	116,27 Mk.	V.-U. 20% . .	19,79 »	
		S.-K. . . .	118,74 Mk.	

Vorstehende Beispiele zeigen, daß der innere Aufbau der Selbstkosten eines Maschinenteiles viel verwickelter ist und von viel mehr Umständen abhängt, als man gemeinhin annimmt. Wenn auch das oben geschilderte Verfahren noch keinen Idealzustand bedeutet, so kommt es doch der Wirklichkeit, wie Beispiele zeigen, ein ganzes Stück näher, als wenn man die Unkosten durch reine Lohnzuschläge deckt.

Auch in anderer Hinsicht bietet es noch Vorteile.

Angenommen, ein Werk erwägt die Beschaffung einer kostspieligen Spezialmaschine zur Herstellung eines bestimmten Maschinenteiles. Die bisherigen Löhne betragen 5,00 Mark je Stück. Bei einem Gesamtunkostenzuschlag von 150% beträgt somit die Summe Lohn + Unkosten 5,00 + 150% = 12,50 Mark je Arbeitsstück.

Die neue Maschine benötigt je Arbeitsstück 3,00 Mark Löhne, dagegen steigen aber infolge ihrer größeren Kostspieligkeit und Unterhaltungskosten ihre speziellen Zuschläge auf 250%, mithin ergibt sich die Summe von 3,00 + 250% = 10,50 Mark je Arbeitsstück.

Das Arbeitsstück wird hiernach um 2,00 Mark billiger.

Nach dem oben geschilderten Verfahren ergibt sich aber folgendes Bild.

Die Material- und Verwaltungsunkosten sind von der Bauart der Maschinen unabhängig, sie scheiden also für die Wirtschaftlichkeitsberechnung von einzelnen Maschinen aus. In diesen Fällen kommen nur die Lohnunkosten in Frage.

Im obigen Beispiel mögen die Lohnunkosten 60% betragen. Hiernach ergäbe sich die Summe 5,00 + 60% = 8,00 Mark je Stück.

Bei Herstellung auf der neuen Maschine aber steigen die Lohnunkosten nach obigen Zahlen auf 160%. Mithin ergibt sich für das Stück die Summe von 3,00 Mark + 160% = 7,80 Mark.

Der Gewinn beträgt also nicht 2,00 Mark je Stück, sondern nur 0,20 Mark, so daß man die Beschaffung der betreffenden Maschine auf Grund dieser Rechnung kaum noch empfehlen kann.

Hiermit ist aber eine gründliche Wirtschaftlichkeitsrechnung noch nicht beendet. In vorstehenden Betrachtungen fehlt ein Hauptfaktor, die Leistung. Angenommen, es werden täglich fünf Arbeitsstücke gebraucht und damit seien drei Drehbänke besetzt. Der Lohnaufwand beträgt demnach 5 × 5 = 25,00 Mark oder je Drehbank 8,34 Mark. Bei der Herstellung auf der neuen Maschine werden je Tag drei Arbeitsstücke fertig, die $3 \times 3 = 9{,}00$ Mark Löhne erfordern. Es müßten also, zwei Maschinen beschafft werden, die nicht ganz beschäftigt sind. Dafür scheiden die drei Drehbänke aus und ein Dreher wird vollständig für andere Arbeiten frei.

Nunmehr handelt es sich um die Klarstellung der Frage:

Liegen zurzeit und für die nächsten Jahre soviel Aufträge vor, daß der freigewordene Dreher voll beschäftigt werden kann?

Ist dies der Fall, dann ist die Beschaffung der beiden neuen Maschinen gerechtfertigt, denn durch diese Beschaffung wird bei der gleichen Anzahl von Maschinen und bei gleicher Arbeiteranzahl die Leistung der Werkstatt um die Arbeit eines vollwertigen Facharbeiters gesteigert.

Im anderen Fall muß die Beschaffung der Maschinen abgelehnt werden.

Ein Vorwurf könnte dem neuen Verfahren gemacht werden. Die Bestimmung der einzelnen Materialunkostenzuschläge usw. usw.

Vorstehende Beispiele bedürfen keiner weiteren Erläuterung, sie sprechen für sich allein.

Ein Vorwurf könnte dieser neuen Methode noch gemacht werden. Die Bestimmung der einzelnen Materialunkostenzuschläge verlangt das Ziehen einer Wurzelgröße. Obgleich dies auch keine besonderen Schwierigkeiten verursacht, soll doch der Vollständigkeit halber auf ein, wenn auch willkürliches, so doch einfacheres Verfahren hingewiesen werden.

Man könnte auch von der Annahme ausgehen, daß die Urheber der Materialunkosten die Fertiggewichte und produktiven Löhne sind. Um beide Größen addieren zu können, braucht man nur noch anzunehmen, daß für diesen Fall das Kilogramm Fertiggewicht immer $1{,}00$ Mark kosten möge. Dann erhält man die einfache Gleichung:

Fertiggewichte (in Mark) G + produktive Löhne L = Materialunkosten M.

Also entfallen auf jede Mark obiger Summe:

$$Z = \frac{M}{G + L} \text{ Materialunkosten.}$$

In der Bearbeitungswerkstatt z. B. ist

$$Z = \frac{3\,336{,}95}{30\,000 + 9\,247{,}63} = 8{,}5.$$

Im Beispiel 5 ergeben sich also die Materialunkosten mit

$$Z = 25 \cdot 8{,}5 = 2{,}13 \text{ Mark.}$$

Die auf diese Weise gefundenen Materialunkosten sind in den Beispielen in Klammern daneben geschrieben.

Den Wert dieser Berechnung möge jeder selbst beurteilen.

V. Die Bestimmung der Leistung eines Werkes und seiner produktiven Abteilungen.

Bereits in der Einleitung dieses Abschnittes wurde auf die Schwierigkeiten hingewiesen, ein sachlich begründetes und zutreffendes Urteil über die Leistung eines Werkes zu fällen. Noch viel schwieriger ist es, die Leistung jeder Werkstatt für sich zu bestimmen.

Eine der vornehmsten Aufgaben eines Werkleiters ist die ständige Verbesserung der Arbeitsweise der von ihm geleiteten Werkstätten in dem in diesem Buch geschilderten Sinne. Ist es ihm gelungen, die ihm unterstellten Organe derart mit seinen Ideen vertraut zu machen, daß sie in diesem Sinne tätig sind, dann gilt es für ihn weiterhin darüber zu wachen, daß dieser fortschrittliche Geist auch erhalten bleibt. Um dazu in der Lage zu sein, muß er zu bestimmten Zeiten wissen, welche Erfolge seine Aufklärungs- und Erziehungsarbeit in den einzelnen Werkstätten gezeitigt hat; d. h. er muß die Leistung jeder einzelnen Werkstatt seines Werkes kennen.

Da er aber infolge anderweitiger reichlicher Inanspruchnahme keine Zeit hat, sich durch ein genaues bis in alle Einzelheiten der Arbeitsweise in den Werkstätten gehendes Studium die für die Beurteilung der Leistung erforderliche Übersicht zu verschaffen, so müssen ihm von Zeit zu Zeit (meistens monatlich) Zahlen vorgelegt werden, die ihn ohne großen Zeitaufwand in die Lage versetzen, eine gerechte und sachliche Kritik zu üben.

Diese Zahlen müssen weiterhin so zusammengestellt sein, daß die Ursachen einer Veränderung derselben in ebenso kurzer Zeit und einwandfrei festgestellt werden können. Nur dadurch ist es möglich, eine heilsame Kontrolle auf die in Frage kommenden Organe auszuüben, einen etwaigen Rückschritt rechtzeitig zu erkennen und durch wirkungsvolle Maßnahmen zu beseitigen.

Zunächst bedarf es einer eindeutigen Klarstellung des Begriffes: Leistung.

Das Wort Leistung umfaßt:

einen absoluten und

einen relativen Begriff.

Die Leistung eines Werkes im absoluten Sinne ist sein Umsatz, der sowohl in Mark als auch in Kilogramm gemessen werden kann.

Ein Werk habe bei einer bestimmten Anzahl von Arbeitern und Maschinen einen Umsatz von x Mark. Durch Vergrößerung der Baulichkeiten und Vermehrung der Arbeiterzahl und Maschinen auf das Doppelte betrage der Umsatz 2 x Mark. Die Leistung des Werkes ist dann entschieden doppelt so groß als vorher.

Um sich nun ein Bild von der absoluten Leistung eines Werkes und der daran beteiligten Größen zu machen, verfährt man in der Praxis folgendermaßen:

In einem Ordinatensystem trägt man in wagerechter Richtung die einzelnen Monate und Jahre, in senkrechter Richtung

1. die produktiven Löhne,
2. die Unkosten,
3. die Materialwerte der abgelieferten Erzeugnisse,
4. die Selbstkosten » » »
5. den Verkaufswert » » »   und schließlich
6. den Wert des Auftragsbestandes ein.

Aus den entstehenden Linien ist der Fachmann sehr wohl imstande, sich ein richtiges Bild von der absoluten Leistung eines Werkes zu machen, aber einen Rückschluß auf die Arbeitsweise des Werkes lassen sie noch nicht zu.

Will man auch über diesen Punkt Aufschluß haben, dann muß man die Leistung eines jeden Arbeiters des Werkes kennen, d. h. man muß den Umsatz für jede geleistete Arbeitsstunde, den Arbeitswert je Stunde, kennen.

Dividiert man obige Größen durch die Anzahl der geleisteten Arbeitsstunden, dann erhält man neue Linien, die die inneren Vorgänge in den Werkstätten eines Werkes bereits recht klar vor Augen führen. Diese auf die geleistete Arbeitsstunde bezogenen Werte nennt man die relative Leistung eines Werkes.

In obigem Beispiel würde also die relative Leistung trotz des doppelt so hohen Umsatzes gleich geblieben sein.

So unbedingt erforderlich das eben geschilderte Verfahren ist, so wenig geeignet ist es für die Bestimmung der Leistung der Werkstätten.

Zu diesem Zweck muß ein zweites Verfahren angewendet werden, das den Werks- und Betriebsleiter in die Lage versetzt, festzustellen, ob die Arbeitsweise jeder einzelnen Werkstatt sich im Zustande des Fortschrittes, des Stillstandes oder gar des Rückschrittes befindet.

Die wirtschaftliche Arbeitsweise der einzelnen Werkstätten ist ganz allein von der möglichst energischen Betonung der Grundbedingungen abhängig.

Aus diesem Grunde müssen alle außerhalb des Machtbereiches der Werkstätten liegenden Erscheinungen, die das Endresultat sowohl in günstigem als auch in ungünstigem Sinne beeinflussen können, möglichst ausscheiden, oder ihr Einfluß muß genügend genau erkannt und berücksichtigt werden können.

Die die Arbeitsweise einer Werkstatt kennzeichnenden Größen sind:

1. die herausgebrachten Erzeugnisse,

2. die aufgewendeten produktiven Löhne und Unkosten und

3. die geleisteten Arbeitsstunden.

Die von jeder Werkstatt innerhalb einer bestimmten Zeit herausgebrachte produktive Arbeitsmenge wird mit Ausbringung bezeichnet.

Als Maßstab für die Ausbringung können gelten:

1. der Materialwert der herausgebrachten Arbeitsstücke,

2. das Gewicht derselben.

Die Bestimmung des Materialwertes der einzelnen Arbeitsstücke ist ein recht umständliches Verfahren. Weiterhin ist der Materialwert eine ständig schwankende, von der Arbeitsweise der einzelnen Werkstätten in keiner Weise abhängende Größe. Aus diesem Grunde scheidet er für die Bestimmung der Ausbringung einer Werkstatt zwecks Bestimmung der Leistung derselben aus.

Das Gewicht der Ausbringung ist von jedem von außen kommenden Einfluß unabhängig. Es eignet sich deshalb vorzüglich für die Lösung der hier gestellten Aufgabe.

Allerdings muß auch hier eine Einschränkung gemacht werden. Es kann in den Werken des allgemeinen Maschinenbaues vorkommen, daß das eine Mal große und schwere, aber einfache Erzeugnisse hergestellt werden, das andere Mal kleinere und leichtere, aber kompliziertere Erzeugnisse. Im ersteren Falle steigt die Ausbringung, im zweiten fällt sie, ohne daß sich an der Arbeitsweise der Werkstätten etwas geändert zu haben braucht.

Dieser Einfluß läßt sich in einfacher Weise genügend berücksichtigen, wenn man die eingehenden Aufträge daraufhin einer entsprechenden Kritik unterzieht. Außerdem wirken die fortlaufenden Aufstellungen in ausgleichendem Sinne, so daß man immer gute Durchschnittswerte erhält.

Die Ausbringung einer Werkstatt erfordert je nach der in ihr herrschenden Arbeitsweise bestimmte Aufwendungen an produktiven Löhnen und Unkosten und eine bestimmte Anzahl an geleisteten Arbeitsstunden.

Diese drei Größen: Ausbringung (in kg), Aufwendungen (in Mark) und Arbeitsstunden stehen in direktem Verhältnis zu der in einer Werkstatt üblichen Abwickelung der einzelnen Arbeitsvorgänge, d. h. zu der mehr oder weniger energischen Betonung der Grundbedingungen.

Bezeichnen

A die Ausbringung in kg,

Pl die produktiven Löhne in Mark

U die Unkosten (Lohn + Materialunkosten) $\Big\}$ = Aufwendungen,

St die geleisteten Arbeitsstunden,

so ergibt sich für die Leistung L einer Werkstatt die Gleichung

$$L = \frac{A}{(Pl + U) \cdot St},$$

oder in Worten:

Unter der Leistung einer Werkstatt versteht man die durch jede Mark Aufwendung in einer Arbeitsstunde erzielte Ausbringung in kg.

Tabelle 9 zeigt das Verfahren, in welcher Weise die Leistung einer Werkstatt monatlich und jährlich zeichnerisch verfolgt werden kann. In der Praxis ist man manchmal gezwungen, um nicht zu kleine Zahlen zu erhalten, obige Werte mit 10, 100 oder 1000 zu multiplizieren.

Auf Tabelle 9 bedeuten

die Linie a: die Materialunkosten,

» » b: die Lohnunkosten,

» » c: die produktiven Löhne,

» » d: die Summe a + b + c,

» » e: die geleisteten Arbeitsstunden,

» » f: die Ausbringung,

» » g: die Leistung,

die wagerechten starken Linien bedeuten die Durchschnittswerte des Vorjahres.

Außer obiger Darstellung sind weiterhin für jede Werkstatt und jeden Monat auf zeichnerischem Wege darzustellen:

1. die Zahl der geleisteten Lohnstunden,

2. die Zahl der geleisteten Akkordstunden,

3. die Zahl der Arbeiter an jedem Monatsletzten,

4. die Zahl der geleisteten Überstunden,

5. die Zahl der durch auswärtige Montagen ausfallenden Stunden,

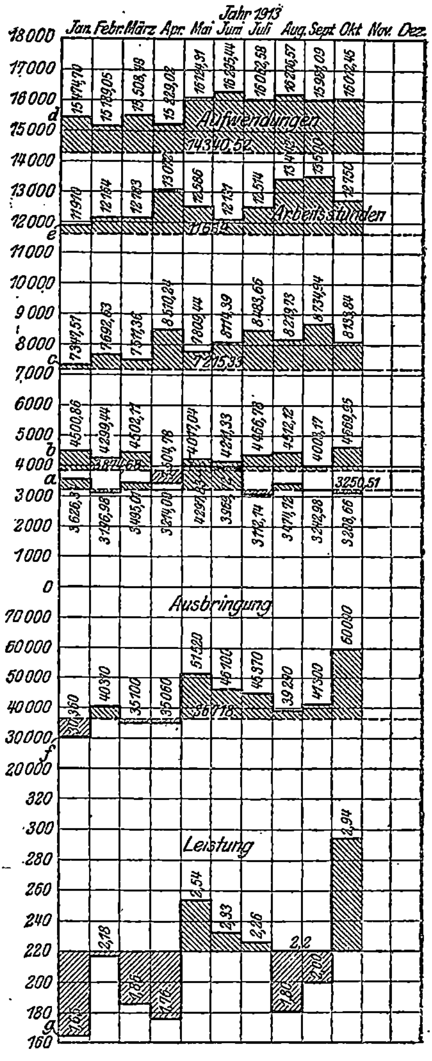

6. die Zahl der durch Krankheit und Urlaub ausfallenden Stunden

7.   Größe: $\dfrac{\text{Gesamte Arbeitsstunden,}}{\text{Gesamte Fehlstunden.}}$

Tabelle 10.

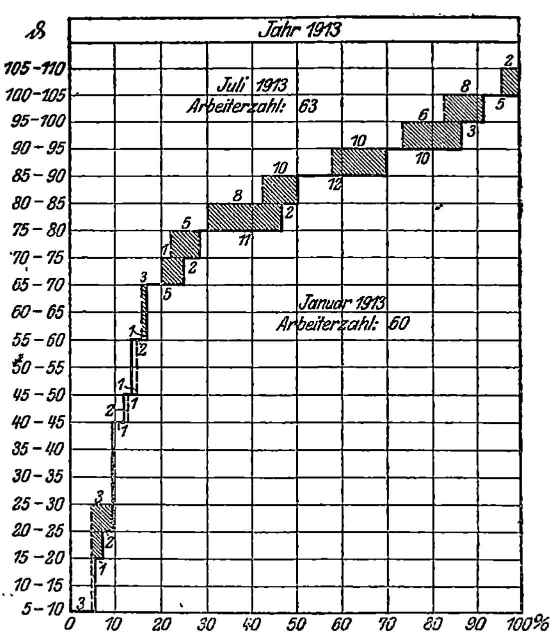

Weiterhin ist für statistische Zwecke eine übersichtliche Aufstellung der Stundenverdienste notwendig. Tabelle 10 zeigt ein leicht verständliches Beispiel dafür. Es genügt, wenn für jede Werkstatt eine derartige Aufstellung alle halbe Jahre gemacht wird. Die sich ergebenden Linien zeigen deutlich, in welcher Weise sich die Verdienste verschoben haben. Auf Tabelle 10 zeigt die Julilinie entschieden eine Steigerung der Verdienste gegenüber der Januarlinie an. Die schraffierte Fläche gibt ein Bild von dem Umfang dieser Steigerung.

Beispiel: Auf Tabelle 9 ist die Leistung der Kesselschmiede eines Werkes bis Oktober 1913 dargestellt.

Der Abschluß des Jahres 1912 ergab für diese Abteilung ein Resultat, das kaum noch als befriedigend bezeichnet werden konnte. Wenn auch noch nicht mit Verlust gearbeitet wurde, so zeigten doch die spärlich eingehenden Aufträge, daß diese Abteilung nicht mehr recht wettbewerbfähig war.

Da man an den Verdiensten der Arbeiter nach unten nichts ändern konnte, so kam man zu dem Entschluß, durch Erhöhung des Umsatzes die Wirtschaftlichkeit der Kesselschmiede zu erhöhen. Man bot etwas billiger an und erreichte dadurch, daß sich bis Oktober 1913 der Umsatz gegenüber derselben Zeit des Vorjahres um etwa 43 000 Mark erhöht hatte.

Die auf die produktiven Löhne bezogenen Unkosten gingen dabei im Durchschnitt der Monate Januar—Oktober von 166 % im Jahre 1912 auf 157,5 % im Jahre 1913 herunter.

Nachfolgend soll die Leistung derselben Abteilung für die gleichen Zeiten nach dem oben geschilderten Verfahren bestimmt werden. Auf Tabelle 9 sind die entsprechenden Zahlenwerte eingetragen.

Hieraus ergibt sich, daß gegen die gleiche Zeit des Vorjahres Oktober 1913 die Materialunkosten um 7,2 %, die Lohnunkosten um 10,2 %, die produktiven Löhne um 11,6 %, die Anzahl der Arbeitsstunden um 8,5 % und die Ausbringung um 15,6 % gestiegen waren. Der Durchschnitt der monatlichen Leistung des Vorjahres betrug 2,2 kg, der Durchschnitt der Monate Januar—Oktober betrug dagegen nur 2,13 kg, d. h. die Leistung der Werkstatt, die Art der Abwickelung der einzelnen Arbeitsvorgänge und damit die Wettbewerbfähigkeit hat sich trotz der Steigerung der Ausbringung um 15,6 % um 2,2—2,13 = 0,07 kg gleich 3 % verschlechtert.

Ein Vergleich der erledigten Aufträge ergab außerdem, daß gegenüber dem Vorjahr einige Dampfkessel von großem Gewicht gebaut wurden, so daß in Wirklichkeit das Ergebnis noch schlechter war. Eine Erhöhung der Verdienste der Arbeiter war nicht zu verzeichnen.

Dieses Ergebnis zeigt deutlich, daß eine Erhöhung des Umsatzes, der Ausbringung und des Reinverdienstes, sowie eine Verminderung der Unkostenzuschläge noch lange keine Steigerung der Leistung einer Abteilung zu bedeuten braucht, und umgekehrt.

Eine Steigerung der Leistung ist nur möglich durch eine ständige Verbesserung der Arbeitsweise in den einzelnen Abteilungen. Wird auf diese Tatsache der größte Wert gelegt, arbeitet man dauernd und mit größter Energie an der Vertiefung der Grundbedingungen, dann steigt die Leistung, dann verbilligen sich die Herstellungskosten, dann steigt die Wettbewerbfähigkeit des Werkes, dann kommen die Aufträge bei guten Verdiensten auch reichlicher herein und dann wird das Werk auch schlechte Zeiten ohne Verluste überstehen können.

In obigem Beispiel wurde eben nicht in diesem Sinne vorgegangen. Das erzielte bessere Ergebnis ist deshalb nur ein Scheinerfolg, ein frommer Selbstbetrug. Da sich die Arbeitsweise noch weiter verschlechtert hat, muß diese Abteilung über kurz oder lang mit Verlust arbeiten.

Obiges Beispiel ist selbstverständlich nur ein Phantasiegebilde, das aber in vielen Fällen von der Wirklichkeit noch übertroffen wird.

Eine Tatsache muß noch erwähnt werden.

In dem geschilderten Verfahren umfaßt die Ausbringung nur die abgelieferten Erzeugnisse. Die produktiven Löhne dagegen umfassen auch solche, die bereits für erst halbfertige Erzeugnisse bezahlt wurden. Das gleiche gilt von den Unkosten und Arbeitsstunden. Da nun derselbe Fehler an jedem Monatsschluß gemacht wird, so wird sein Einfluß dermaßen abgeschwächt, daß er vernachlässigt werden kann. Außerdem wirken die Durchschnittswerte noch weiterhin in ausgleichender Weise.

Damit ist die Erörterung über die Aufgabe: »Ständige Kontrolle der Arbeitsweise der einzelnen Werkstätten durch Bestimmung ihrer jeweiligen Leistung« beendet.

Die in den Tabellen 1—10 niedergelegten Zahlen sprechen eine überaus deutliche Sprache und zeigen mit mikroskopischer Schärfe die ungemein große Vielgestaltigkeit der inneren Vorgänge eines Werkes. Man kann sie zu unzähligen voneinander verschiedenen Gruppen zusammenstellen und jede dieser Gruppen zeigt die Arbeitsweise einer Werkstatt von einer anderen Seite. Man kann ebenso beliebig viel Sonderauszüge herstellen, von denen jeder eine bestimmte Art von Vorgängen in besonders hellem Lichte erscheinen läßt.

Aber gerade diese überaus vielseitige und verschiedenartige Anwendbarkeit obiger Zahlen verlangt einen Fachmann, der sie zu handhaben versteht.

Freilich, der Werksleiter sieht auf den ersten Blick, besonders aus Tabelle 9, ob die Leistung einer Werkstatt steigt oder fällt. Er ist auch in kurzer Zeit in der Lage, aus den übrigen Blättern in groben Umrissen die Ursachen dieser Erscheinungen festzustellen. Aber die letzten Feinheiten dieser Aufstellungen bleiben ihm doch verschlossen, weil ihm die Zeit fehlt, sich in sie zu vertiefen und sie zu studieren.

Der aus den monatlichen Aufstellungen errechnete Leistungswert steht außerdem unter dem Einfluß von Umständen, die mit der Arbeitsweise der Werkstätten an sich nichts zu tun haben.

Man denke sich z. B., daß in der Abteilung Kesselschmiede verschiedene Kesselteile, die früher fertig bezogen wurden, nunmehr selbst hergestellt werden. Infolge der dadurch eintretenden Steigerung der produktiven Lohnsumme muß, da die Ausbringung dieselbe bleibt, nach den bisherigen Ausführungen, der Leistungswert sinken. In Wirklichkeit hat sich aber die Arbeitsweise nicht geändert, vielleicht sogar etwas verbessert. Solche und ähnliche Fälle sind in jeder Abteilung sehr zahlreich vorhanden.

Man sieht hieraus, daß zur Richtigstellung des errechneten Leistungswertes und zur Klarstellung aller Nebenumstände ein betriebserfahrener Ingenieur am Platze ist, der das Entstehen dieser Zahlen dauernd beobachtet und ihren Ursprungsstellen und Ursachen nachspürt. Dieser Fachmann ist bereits in dem weiter oben angeführten, sagen wir »Unkosten«-Ingenieur vorhanden.

Dieser Beamte lernt durch seine Tätigkeit die Arbeitsweise der einzelnen Werkstätten und deren Einfluß auf die Unkosten und die Leistung ganz genau kennen. Er allein ist in der Lage, die Zahlen sachgemäß zu gruppieren und Sondergruppen aufzustellen. Das Steigen und Fallen dieser Zahlengruppen verrät ihm Vorgänge, die ihm ein treffendes Urteil über die Arbeitsweise und entsprechende praktische Vorschläge gestatten. Sollen daher die Tabellen 1—10 dem Werksleiter das Letzte verraten, was sie verraten können, dann empfiehlt es sich, daß obiger Ingenieur über jeden Monatsabschluß einen kleinen Bericht abfaßt, in dem er den Werksleiter über die von ihm gemachten Beobachtungen unterrichtet.

Man könnte diesem System noch den Vorwurf großer »Umständlichkeit und Kostspieligkeit« machen. Dem kann entgegengehalten werden, daß in jedem Werk sehr oft Arbeiten und Geldaufwendungen geleistet werden, die gar keinen Zweck haben. Diese unnützen Arbeiten und Geldaufwendungen dürften sich durch obiges Verfahren stark vermindern. Außerdem handelt es sich hier in der Hauptsache nur um ein einfaches Additionsverfahren, das mit Hilfe guter Rechenmaschinen leicht zu erledigen ist. Der Verfasser hat dieses Verfahren in ähnlicher Weise in einem Werk von etwa 1000 Arbeitern eingeführt und im Nebenberuf ein Jahr lang ausgeübt. Dabei brauchte er für die monatlichen Aufstellungen etwa 2 Tage.

Vorbedingung ist allerdings eine gute Nachkalkulation und ein vorzügliches Lohn- und Materialverrechnungssystem. Diese Einrichtungen sind bereits in so ergiebiger Weise in der technisch-wirtschaftlichen Literatur behandelt worden, daß an dieser Stelle nicht näher darauf eingegangen zu werden braucht.

Richtlinien für die Herbeiführung einer wirtschaftlichen Arbeitsweise.

Es steht ganz außer Frage, daß in Zukunft die deutsche Industrie und in dieser besonders die vielen mittleren und kleineren Werke des allgemeinen Maschinenbaues mit ganz außerordentlichen Schwierigkeiten werden zu kämpfen haben. Zu dem bereits in früheren Jahren für die nach Aufträgen suchenden Maschinenfabriken viel zu geringen Auftragsbestand werden als erschwerende Momente noch hinzukommen:

1. eine Steigerung der Materialpreise und Löhne und damit der Selbstkosten der Erzeugnisse,

2. ein noch mehr verschärfter Wettbewerb
   a) durch die erst in diesem Kriege entstandenen Werke und
   b) durch die sich in diesem Kriege ganz wesentlich erweiterten
      großen Unternehmen, und
3. (wenigstens für die nächsten Jahre) der Fortfall sehr vieler, bereits
   vorhanden gewesener Geschäftsverbindungen.

Da liegt die Gefahr nahe, daß manches Werk in seinen Grundfesten erschüttert, vielleicht sogar vernichtet wird. Aus diesen Gründen muß jeder Werksleiter alle erdenklichen, brauchbaren Mittel anwenden, um dieser Gefahr zu begegnen. Hierher gehört in erster Linie die systematische Steigerung **der inneren Beweglichkeit, Schlagfertigkeit und Wirtschaftlichkeit** des von ihm geleiteten Werkes.

Selbstverständlich läßt sich dieses Ziel nicht durch Verbesserung einzelner Einrichtungen erzielen. Es verlangt vielmehr ganz energisch die Schaffung einer straffen, der Größe und Eigenart des Werkes peinlichst genau angepaßten Organisation, bei der jeder Beamte und Arbeiter nach einer ganz bestimmten Gesetzmäßigkeit genau festgelegte Arbeiten zu einer ganz bestimmten Zeit zu einem ebenso bestimmten Abschluß bringen muß.

Diese Forderung bedeutet aber für viele Werke eine vollständige Umwälzung der bisher gehandhabten Geschäfts- und Betriebsführung, allerdings mit der Einschränkung, daß bisher bewährte Einrichtungen nicht ausgeschaltet, sondern der Neuzeit entsprechend nur weiter ausgebaut werden.

Nun ist die Einführung einer neuen Organisation eine der schwierigsten Aufgaben, die es in der Technik überhaupt gibt. Sie kann nicht von einem Beamten im Nebenberuf gelöst werden, sondern beansprucht seine ganze Arbeitskraft und Energie für die Dauer der Umwälzung. Sie verlangt weiterhin einen auf diesem Gebiet unbedingt sattelfesten Praktiker (Ingenieur), der außerdem die Eigentümlichkeiten des neu zu organisierenden Werkes mit allen seinen Feinheiten so genau kennen muß, daß er die für dieses Werk allein mögliche Methode schaffen kann.

Da aber einerseits die technischen Hoch- und Mittelschulen die »Betriebswissenschaft« noch nicht in ihrem Lehrplan haben und andererseits selbst in technischen Kreisen der Wert einer sachgemäßen, auf wissenschaftlichen und praktischen Grundsätzen aufgebauten Organisation bis jetzt wenigstens immer noch sehr unterschätzt wird, so kommt es, daß tüchtige, sattelfeste Organisationsingenieure heute noch selten sind.

Weiterhin kommt hinzu, daß sich der Wert einer Organisation zahlenmäßig nicht messen läßt.

Neue Werkzeugmaschinen oder Betriebseinrichtungen, eventuelle Um- oder Neubauten lassen sich vor ihrer Beschaffung oder Ausführung so genau auf ihre Wirtschaftlichkeit untersuchen, daß man bei genügend betriebstechnischer Erfahrung kaum ein Risiko eingeht. Bei der Organisation eines Werkes ist man aber nicht imstande, eine Steigerung der Wirtschaftlichkeit mit Sicherheit auf eine bestimmte Änderung in derselben zurückzuführen.

Diese Ausführungen machen es begreiflich, daß manche Werksleiter eine durchgreifende Neuorganisation immer wieder hinausgeschoben haben. Manche hätten es vielleicht doch getan, wenn sie ihrer Sache sicher gewesen wären und sie gewußt hätten, an welchem Ende sie anzufangen haben.

Im folgenden soll deshalb der Werdegang einer Neuorganisation geschildert werden. Es kann sich dabei selbstverständlich nur um ganz allgemeine Richtlinien handeln, deren Einhaltung aber auf den Enderfolg nicht ohne Einfluß ist. Die Schilderung der Einzelfragen und deren Lösung würde ein umfangreiches Buch ausfüllen und nur bereits in reichlichem Maße veröffentlichte Themen wiederholen. Es muß deshalb jeder Neuorganisation in erster Linie ein umfassendes Studium der vorhandenen technisch-wirtschaftlichen Literatur vorangehen.

Die wirtschaftliche Organisation eines Werkes umschließt die systematische Erfassung und Zusammenstellung aller für eine wirtschaftliche Herstellung der Erzeugnisse erforderlichen Arbeitsvorgänge derart, daß einerseits ihre Abwickelung nach einer einen reibungslosen Geschäftsgang gewährleistenden Gesetzmäßigkeit lückenlos vor sich geht, anderseits ihre wirtschaftliche Erledigung nur durch solche Personen stattfindet, die für den jeweiligen Arbeitsvorgang besonders geeignet sind, so daß ihre geleistete Arbeit für das Werk Erfahrungswerte schafft, auf Grund deren weitere Verbesserungen, Vergrößerungen und Veränderungen des Werkes und seiner Arbeitsweise vorgenommen werden können.

In dieser Charakteristik sind deutlich zwei Begriffe, die bereits eingangs erwähnt wurden, zu unterscheiden: die Organisationseinrichtungen und Grundbedingungen.

Die Organisationseinrichtungen stellen eine Sammlung von Vorschriften, Tabellen und Vordrucken dar, deren gewissenhafte Befolgung und Ausfüllung der Abwickelung der Arbeiten eine gewisse Zwangläufigkeit verleiht. Außer dieser ordnenden Wirkung lassen die darin niedergelegten Daten die Arbeitsweise des Werkes gewissermaßen sichtbar werden, daß man aus deren sachgemäßer Zusammen- und Gegenüberstellung etwaige Mängel bereits erkennen kann. Die Organisationseinrichtungen sind allein nicht imstande, eine unwirtschaftliche Arbeitsweise in eine wirtschaftliche umzuwandeln. Dazu bedarf es einer energischen Betonung der Grundbedingungen.

Die Grundbedingungen stellen die Umstände dar, unter denen sich die Arbeiten abwickeln. Sie beeinflussen also direkt die Art der Erledigung der Arbeiten der einzelnen Personen in bezug auf Menge und Güte.

Während die Grundbedingungen für alle Werke die gleichen sind, müssen die Organisationseinrichtungen jedem Werk und seiner Eigenart peinlichst genau angepaßt sein. Da sich nun die Größe eines Werkes und seine Eigenart ständig ändern, ist die wirtschaftliche Organisation kein ,totes, in einer Anzahl von Vordrucken und Vorschriften erstarrtes System, sondern ein äußerst feinfühliges, vielgliedriges, auf die kleinste Änderung reagierendes Gebilde.

Auf Grund dieser Ausführungen kann man nun die Organisation als wirtschaftlich und gelungen bezeichnen, bei der die Organisationseinrichtungen und Grundbedingungen eine gleich energische Betonung finden und in gleich kräftiger Weise vom Geist der Sachlichkeit durchdrungen sind.

Obgleich naturgemäß eine scharfe Trennung zwischen diesen Begriffen nicht möglich ist, gilt doch für jede Neuorganisation der Hauptgrundsatz:

Erst die Organisationseinrichtungen, dann die Grundbedingungen.

Der zweite Grundsatz lautet:

Vor jeder Neuorganisation sind abteilungsweise sämtliche vorhandenen Mängel festzustellen und schriftlich niederzulegen.

Jedes schlecht organisierte Werk läßt sich mit einem kranken Menschen vergleichen. Wie sich jede Krankheit und ihr Herd durch bestimmte Merkmale bemerkbar machen, so treten in einem schlecht geleiteten Werk bei der Abwickelung der einzelnen Arbeiten Erscheinungen auf, die dem Kundigen die Mängel in der Organisation offenbaren. Man unterhalte sich mit den einzelnen Beamten und Meistern, ja sogar mit einzelnen Arbeitern und man wird bald erfahren, wo jeden der Schuh drückt. Sollen diese Personen nun in wirtschaftlicherer Weise ihre Arbeiten erledigen, dann muß in ihnen erst das Verständnis für das neue Verfahren geweckt werden.

Hieraus ergibt sich der dritte Grundsatz:

Bei jeder Neuorganisation muß vor Beginn derselben jeder daran beteiligte oder davon berührte Beamte über den Zweck, das Wesen und Endziel der einzuführenden Organisation genau unterrichtet sein.

Auf diese Weise wird von vornherein ein Widerstand seitens der Beamtenschaft wesentlich abgeschwächt. Bei den Arbeitern liegen die Verhältnisse allerdings anders. Die Arbeiter lehnen aus Prinzip jede

Neuerung ab. Ihre kräftigste Unterstützung finden sie dabei in ihren Verbänden, deren Einfluß soweit gehen kann, daß eine mit Gewalt eingeführte Organisation wesentlich an Wert verliert. Um dieser Gefahr einigermaßen zu begegnen, empfiehlt es sich:

1. erst an diesen Stellen und die Abwickelung dieser Arbeiten zu reorganisieren, die mit der Art und Weise der Arbeit der Arbeiter nichts zu tun haben,

2. die Arbeiter durch höhere Verdienste geneigter zu machen, und

3. jede Maßnahme so zu treffen, daß durch ihre Einführung jedem Beamten und Arbeiter die Arbeit erleichtert wird.

Besonders Punkt 3 ist von ausschlaggebender Bedeutung. Tritt nämlich diese Erleichterung nicht ein, dann ist der Beweis erbracht, daß die Umwandlung der Organisation in falsche Bahnen geraten ist. Aus diesem Grunde darf der betreffende Ingenieur, dem die Neuorganisation übertragen wird, nicht allein vorgehen. Er muß dieserhalb dauernd mit den in Betracht kommenden Beamten in Fühlung bleiben. In den dazu erforderlichen Besprechungen ist für jeden neuen Vordruck oder neue Vorschrift eine ähnliche Wirtschaftlichkeitsbetrachtung aufzustellen, wie z. B. bei Beschaffung einer neuen Werkzeugmaschine, dahingehend, ob dadurch eine Erleichterung der Arbeiten eintritt oder nicht. Vor allen Dingen ist einem übermäßigen Überhandnehmen der Schreibarbeiten größte Beachtung zu schenken. Jeder Einwand oder Vorschlag muß gewissenhaft geprüft werden. Um die Erfolge dieser Arbeiten nun nicht der Vergessenheit anheimfallen zu lassen, ergibt sich als vierter Grundsatz:

Jede getroffene organisatorische Maßnahme ist mit eingehender Begründung schriftlich niederzulegen.

Nach Feststellung der bereits vorhandenen Mängel beginnt die eigentliche Organisation mit der genauen Einteilung des ganzen Werkes in einzelne Abteilungen. Jede Abteilung erhält ihren Abteilungsleiter. In kleineren Werken können selbstverständlich mehrere Abteilungen unter einer Leitung zusammengefaßt werden, in größeren zerfällt jede Abteilung vieder in Unterabteilungen. Hierbei ist darauf zu achten:

1. daß die Arbeitsgebiete der einzelnen Abteilungen streng voneinander abgegrenzt sind,

2. daß die Abteilungsleiter unter allen Umständen für die restlose Erledigung der in ihre Abteilung fallenden Arbeiten verantwortlich sind,

3. daß jeder Beamte gleichmäßig mit Arbeit bedacht und keiner überlastet ist,

4. daß die einmal festgelegte Gesetzmäßigkeit in der Erledigung der einzelnen Arbeiten unter allen Umständen vom ersten bis zum letzten Beamten und Arbeiter streng beachtet wird.

Dadurch gewinnt das Werk an Durchsichtigkeit und innerer Ehrlichkeit.

Nachfolgend ist ein einfaches Beispiel von der Einteilung eines Werkes aufgeführt.

Beispiel:

I. Direktion.

II. Kaufmännische Abteilung.

   1. Buchhaltung,

   2. Kassenwesen,

   3. Briefregistratur, Schreibabteilung,

   4. Lohnwesen einschl. Verwaltung der Krankenkassen-, Invaliditäts- und Versicherungsbeiträge und Annahme der Arbeiter,

   5. Verwaltung des Hauptlagers,

   6.   »   » Stabeisen- und Blechlagers,

   7.   »   » Roheisenlagers,

   8.   »   » Holzlagers,

   9.   »   » Kohlenlagers,

 10.   »   » Gußlagers,

 11.   »   » Fertiglagers,

 12.   » der Versandstelle.

III. Konstruktionstechnische Abteilung.

   1. Anfertigung sämtlicher für die Erledigung der von auswärts eingehenden Aufträge erforderlichen Werkstattsaufträge (Zeichnungen, Bestellzettel),

   2. Bestellung der dazu benötigten und von auswärts bezogenen Maschinenteile,

   3. Ausarbeitung der Kostenanschläge,

   4. Reklamewesen,

   5. Lichtbildnerei.

IV. Fabrikationstechnische Abteilung.

   1. Aufstellung von Normalien (Einheitsformen),

   2. Bearbeitung von Neu- und Umbauten, Werkstatteinrichtungen, Werkzeugen, Aufspannvorrichtungen,

   3. Bestellung der dazu benötigten und von auswärts bezogenen Maschinenteile,

   4. Regelmäßige Untersuchungen der Baulichkeiten und Betriebseinrichtungen,

   5. Aufsicht über die Unkosten und Leistungen der einzelnen Betriebsabteilungen (Werkstätten, Kraftanlage usw.),

   6. Versuche zwecks Verminderung der Unkosten,

   7.   »   » Erhöhung der Leistungen.

V. Verwaltungstechnische Abteilung.
1. Weitergabe sämtlicher Zeichnungen und Werkstattbestellzettel an den Betrieb,
2. Führung des Auftragsbuches,
3. Ausschreibung sämtlicher Akkordzettel,
4. Nachkalkulation,
5. Vorkalkulation,
6. Aufstellung der Rechnungen,
7. Aufstellung und Verteilung der Unkosten,
8.   »   der statistischen Aufstellungen,
9. Bestellung sämtlicher Materialien für die Werkstätten und Läger,
10. Anmahnung sämtlicher nach auswärts gemachten Bestellungen.

VI. Betriebstechnische Abteilung.
1. Aufstellung der Liefertermine ⎫
2. Herstellung der Erzeugnisse ⎬ in den Werkstätten,
3. Verbesserung der Arbeitsverfahren. ⎭

Nach erfolgter Einteilung des ganzen Werkes muß nun jede Abteilung für sich vorgenommen und von allen möglichen Gesichtspunkten aus durchgearbeitet werden. Vor allen Dingen ist für jeden einzelnen Vordruck in eindeutiger Weise der Weg festzulegen, den er auf seiner Wanderung durch das ganze Werk ein für allemal einzuhalten hat.

Nun wird sich beim besten Willen für einen bestimmten Zweck kein Vordruck finden lassen, der allen Anforderungen Genüge leistet. Es werden vielmehr sehr oft Fälle vorliegen, bei denen von der vorschriftsmäßigen Ausfüllung der Vordrucke und von der strengen Befolgung der Vorschriften in sinngemäßer Weise etwas abgewichen werden muß. Auch die vorgeschriebenen Wege können sich dabei etwas ändern. Um nun in jeder Lage einer sinngemäßen Anwendung der Organisationseinrichtungen sicher zu sein, müssen sämtliche Beamte mit diesen aufs beste vertraut sein. Diese Bedingung führt zu dem fünften Grundsatz:

Jede Neuorganisation verlangt eine gewissenhafte Schulung sämtlicher Beamten und Arbeiter. Diese Schulung beginnt bei der Beamtenschaft und endet bei der Arbeiterschaft, nicht umgekehrt.

Diese Schulung ist eine der schwierigsten Aufgaben, deren Lösung viel Geduld, Ruhe und Unverdrossenheit verlangt.

Aus diesem Grunde muß jede Neuorganisation nur ganz allmählich eingeführt und muß den einzelnen Personen zu entsprechender Vertiefung Zeit gelassen werden.

Ist nun die Einführung der Organisationseinrichtungen soweit vorgeschritten, daß eine glatte Abwickelung der einzelnen Arbeiten gewährleistet wird, daß die Ausfüllung und weitere Bearbeitung der einzelnen Vordrucke auch wirklich Erfahrungswerte schafft, dann kann mit der Einführung der Grundbedingungen, wie sie im ersten Abschnitt geschildert sind, begonnen werden.

Wird in dieser Weise vorgegangen, dann muß das Werk immer wirtschaftlicher arbeiten. Um sich auch zahlenmäßig davon zu überzeugen, empfiehlt es sich, die Aufstellung der Unkosten, wie sie im zweiten Abschnitt geschildert ist, so schnell wie möglich einzuführen. Die Kontrolle der Leistung einer jeden Werkstatt zeigt dann, ob man sich auf dem richtigen Wege befindet oder nicht.